謹將本書獻給愛我的母親，以及我的家人們

30分鐘
做出雙色夢幻果醬

56 道經典果醬＋12 道果醬創意料理＋6 種貼心果醬禮物包裝法，一次收錄

張曉東 著

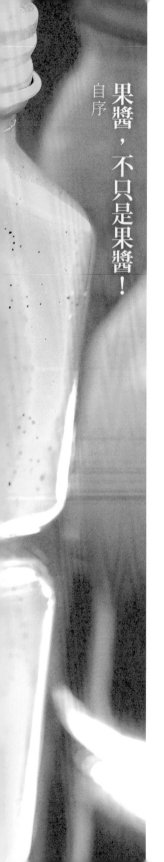

六年多前，我出了一本與料理有關的書，講的是美食真能讓人感到幸福。色彩也一樣，舉凡視覺能接觸到的一切，很多都跟色彩扯上關係，令人驚艷的色彩，總是能激起許多想像跟欲望，當中也包含了果醬。

接觸到果醬，是好友 J 的關係。J 在法國唸藝術，回台時送了瓶果醬給我——是 Christine Ferber 的作品（之所以稱之為作品，是因為它的色彩和包裝，與一般的果醬十分不同，可真說是藝術了），但因為我不是一個愛吃甜食的人，這瓶果醬放在冰箱裡一段日子後，才打開品嚐。

沒想到，一嚐便為之驚豔!!

後來上網看了些資料，才知道原來 Christine Ferber 也是這個品牌的同名法國甜點女廚師，她製作果醬常以畫作為創意，先在心中構思出一幅畫，再將這心中畫作的藍圖，一件件呈現於每瓶手作的果醬中。

這樣的態度不但讓我萬分尊崇，更開始了自己開始嘗試作果醬的念頭，也因而從此身陷神奇的漩渦般，在果醬的甜美世界裡玩起了顏色創作，並且欲罷不能！

單色果醬作了段時間，便開始想讓果醬有更多的變化

及創意，開始大膽嘗試玩起雙色甚至三色果醬來。這才發現原來果醬的世界裡千變萬化，包含水果食材前置處理的諸多細節，香氣，酸度、糖分、顏色、火候控制等，皆可因為其中一個環節而影響整瓶果醬的口感與結果。

製作果醬的態度，就像解一道道數學題般，每瓶雙色果醬即使是使用同樣的水果食材製成，作出的成品也都不盡相同，就像在創作一件件擁有獨特個性的藝術品般，都必須在製作完成後，才知道它們天生的個性與長相是什麼樣子，就像誕生於世上的新生兒般，每個孩子長得都不一樣，重要的是，它們都是獨一無二的完美小孩！

果醬的變化，實在太多元了，在有限的書中，真的很難將果醬千變萬化的搭配及與其他各種香料的結合全部呈現，因此選擇先寫大眾最容易上手，同時兼具色、香、味及美感的果醬為主，除了經典及吃不膩的單色果醬外，本書最大的特色，應是美的不像話的粉色果醬、雙色果醬，以及三色果醬。

此外，也將果醬與創意料理結合，作出不同的創意果醬食用方式，相信不論是在家宴客、或與好友、孩子們一起作，絕對都能給食用者留下一個與眾不同的體會，也希望能讓喜歡手工果醬的朋友，多一個珍貴的參考價值及想像。

最後，感謝神讓我一腳踏進果醬的世界，讓我在自然美好的滋味及色彩裡悠遊玩樂，謹將這本書獻給不愛吃甜食卻願意吃我作的果醬的母親，也感謝曾經當我試吃大隊的家人、朋友們，以及跟我訂購過果醬的不認識的朋友，謝謝翊君幫我成就了這本書，謝謝真真以及出版社所有參與這本書的朋友們，因為有你們，我才能在果醬世界裡繼續玩樂下去！

張曉東

❸ 好美好美的雙色果醬

特別收錄 捨不得吃的三色果醬

開始作果醬之前
煮果醬所需要的基本器材

不鏽鋼鍋

熬煮果醬用，想再更升級些可以選擇銅鍋來熬煮，銅鍋對於果醬的保色性來說相當優越，且熬煮時也不易沾鍋。但銅鍋購買不易加上價格較昂貴，以經濟的角度來考量，用一般不鏽鋼鍋來操作就可以了。用不鏽鋼鍋唯一需注意的是，在火候的掌控上以及果醬的熬煮過程中，要不停的攪拌以確保整鍋果醬不沾鍋。

電子秤

在準備熬煮果醬前，能幫助正確的計算出水果等食材的重量以及糖的分量等。

SF-400

CAPACITY:
7000gX1g/246x5/0.1oz

耐熱橡膠刮刀

一般的烘焙店即可購買到，建議使用耐高溫的材質，在使用上較為安心，也不易傷害到鍋具本身。在水果醃漬或是攪拌砂糖時都是熬煮果醬的好幫手，如不想用橡膠刮刀，木匙當然也是另外一個選擇，但用木匙在熬煮完果醬後並不容易清洗，使用後要記得放在通風處，否則很容易生菌發霉。

鋼盆或玻璃盆

攪拌水果、醃漬水果、砂糖或是其他用途使用。

耐熱手套

完成好的果醬在裝瓶時是相當高溫的狀態，很容易燙傷手，因此有一雙耐熱的手套是必須的。

除浮末濾網匙

熬煮果醬中，濾除沸騰時產生的浮末，須選擇具耐熱性以及不鏽鋼材質，一般大型超市或烘焙材料店皆有販售。

溫度計

熬煮果醬時，能讓它判斷果醬的熬煮溫度是否為 103°C，此為糖煮果醬凝固的最佳溫度。

玻璃瓶以及金屬瓶蓋

用來盛裝熬煮完成的果醬成品，煮好的果醬要在高溫下完成裝瓶的動作，購買時要留意玻璃瓶及金屬瓶蓋是否皆為耐熱材質，才能確保將來完成的成品是否具完整的保存性，以及在裝瓶時的耐熱條件是否為最佳狀態，另外要注意的是玻璃的耐熱度一定要高，否則在趁熱裝罐時玻璃罐會有破裂的危險，越厚的玻璃通常耐熱度是越高的。如果消毒時將玻璃罐放入滾水中，沒有出現裂痕就是安全的玻璃罐了。

果醬匙

完成果醬時裝填的斜口湯匙，也可用較大的湯匙來取代，一般大型超市或是烘焙材料店皆有販售。

不鏽鋼寬口徑漏斗

用在避免果醬果肉多或較濃稠時，果醬較不易塞住，一般用斜口匙就可以了，寬口徑漏斗一般生活用品店或五金行可購買到。

果汁機

用在果醬打成泥熬煮時使用。

製作果醬的基本步驟

要製作一瓶果醬基本步驟大致上都相同，差異在每種水果前置作業上的處理方式不同，這裡介紹的是基本作法以及雙色果醬如何操作的變化。

1 消毒玻璃瓶

煮沸開水後，將要用的玻璃瓶放入以及金屬瓶蓋放入，也可將玻璃瓶以及金屬瓶蓋分開消毒，時間大約 5 到 10 分鐘。消毒瓶子的動作要在熬煮果醬前事先完成並晾乾，也可將消毒過後的玻璃瓶以及金屬瓶蓋放進烤箱，以 100℃ 的溫度來烘乾，完成後在熬煮果醬時，將玻璃瓶放在熬煮果醬隨手可取得的地方，這樣可以幫助完成成品時，從容的裝瓶。

2 水果及糖正確的秤重

將水果的果皮以及籽或果核去除，就是要熬煮的食材重量。將電子秤歸零後，放上準備要熬煮的水果食材，即可得到正確的重量，糖與水果要分開秤重。

3 處理熬煮食材

將水果少部分用果汁機打成泥，其他的水果切成小片狀，一起放入鋼盆或玻璃盆中，先將檸檬汁放入盆中拌勻再放入砂糖繼續攪拌均勻備用。在攪拌的過程中，因為水果本身已經切成要的形狀，有些食材本身很脆弱，在攪拌時，切記不要過度用力。

4 熬煮果醬

將熬煮的食材倒入不鏽鋼鍋中，以中小火煮至沸騰，中間要不停以木匙或攪拌匙攪拌以免沾鍋。在沸騰的過程中，一邊輕輕攪拌一邊去除掉白色的浮末，直到浮末消失不再出現，整鍋出現光澤感即可熄火，這個過程大約 15 到 20 分鐘左右。若是前一晚就先醃漬的水果，熬煮時間可略微縮短，大約 10 分鐘左右即可。

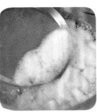

開始作果醬之前
製作果醬的基本步驟

5 完成裝瓶

熬煮完成的果醬要立即趁熱裝瓶，果醬趁熱裝罐可以防止在冷卻時，預防空氣中的細菌掉落在果醬中，裝瓶時要盡量裝八到九分滿，再蓋上瓶蓋，利用高溫來使瓶口達到殺菌的功效，果醬最好在降溫到 70℃ 以前完成裝罐密封的動作，才能防止細菌滋生。

6 果醬倒扣

裝好瓶的果醬要立即倒扣，倒扣可以使空氣往玻璃瓶的底部跑，這個動作十分重要，它可以幫助果醬達到真空的效果跟狀態，等到果醬倒扣冷卻後即可擺正，這是一種方式，另一種方式是裝瓶封蓋後，放入烤箱，烤箱放上底盤加水蒸烤約 30 分鐘，這個方式也可以讓果醬完成殺菌及增加保存的時間。

最後一種方式是完成裝瓶並封蓋後，將果醬放入 100℃ 沸水中，淹過果醬瓶煮約 15 分鐘左右，利用熱水的高溫對果醬產生壓力，使其內部氣體排出，果醬就能呈真空狀態，這樣對於果醬的保存更有幫助。

7 保存方式

一般完成倒扣後的果醬，要放置在通風且陰涼的地方，這樣較能保持果醬的品質及顏色。不開罐常溫約可保存 6 個月，如在室溫下，要避免放在陽光直射及悶熱的地方，這樣才不致讓果醬產生變質及變色的可能。

開罐後的果醬就一定要冷藏，賞味期限三周內口感是最佳的，可在每次製作完成後，於瓶底標示製作日期或是水果成分等來作為提醒，只要製作果醬的前置準備動作都作完整了，接下來就可以安心享用自己動手作的無人工添加的手工果醬了。

開始作果醬之前
如何選水果來製作果醬？

台灣四季都有水果，所以有水果王國的美稱，在政府大力的推廣下，這個名號更是享譽全球，所以做果醬在台灣是一件方便又幸福的事。選購新鮮且好的水果才能做出美味的果醬！很多人認為快過熟的水果才是做果醬水果的來源，這樣的觀念是錯誤的。越是新鮮且當季的水果做出來的果醬更美味！

買水果有什麼訣竅？水果成熟的過程中，本身都會散發出其特有的香氣，我的習慣大多都先拿起來聞一聞，有充分的香味就經驗來說，就很難會選錯了。

以做果醬來說，水果不要一次買太多，水果是越新鮮的時候吃越美味，相對的拿來做果醬也是一樣。挑選水果時，可以從它的形體、重量及大小來判斷，畸形或太小的水果通常發育都不夠完整。重量夠的水果，自然是汁多味美，拿來做果醬最適當不過了，不同的水果有不同的營養價值，例如草莓、蘋果、櫻桃、葡萄、桃子等都具有「花青素」的成分。當花青素與糖分結合時就會表現出水果特有的顏色，顏色愈濃營養價值愈高。手工果醬無添加人工成分，當然也要吃的更健康，才能享受到真正的美味。

挑選水果時，幾個要點要特別留意，選購時要看它的蒂是不是夠新鮮，有沒有發霉。另外從外型的色澤，結實與否，含水量，飽滿度，都可以看出或以觸覺來感覺這顆水果是不是絕佳之選。冬天的季節，草莓更是最受歡迎的水果之一，許多農場都可以現場採果，這也是做果醬的另一種樂趣！挑選草莓需注意果肉堅實，果實緊連梗子，不要選到掉色且白色點點種子叢生的草莓。

10 種水果教你選！

蘋果抓起來時，秤秤在手上的重量感，沈重感通常比較的好，吃起來也較爽脆。選擇時也不要太過用力敲彈、以免將蘋果敲得傷痕累累，另外，外型要長得漂亮，壓傷的大多都不好，小心不要選購到外表有斑點、有凹洞，或是軟掉的。

選芒果找盛產當季的，愈成熟的品質就愈好，香味也更濃郁。芒果果實大多是放大版的雞蛋型，這種形狀通常味道都很美味，果肉橙黃柔軟，細膩多汁，外皮愈細緻的，品質和風味也就愈好。芒果剛採收時通常都只有九分熟，但因為早熟，建議可放在室溫中一至兩天，等芒果散出香氣就是做果醬的最佳時機。挑芒果時，以外觀碩大堅實、富彈性，且表面有果粉者佳。

挑選奇異果要注意外型是否果實飽滿，茸毛是不是具有完整性，果實本身握起來富有彈性就表示成熟了。奇異果在室溫下會有後熟的作用，很容易放個幾天就軟掉、有發酵的味道，因此選擇時請以不太軟、不太硬的較佳。

葡萄在選購時要挑外觀堅實豐潤有彈性的，試吃時，可挑最下面一顆吃，最下面那一顆很甜，就表示整串葡萄都是甜的！另外也要注意顏色要濃、緊連梗子的，表面有果粉的較佳，避免挑選到塌陷、梗子變成了褐色或不完整的葡萄。

挑選鳳梨時，結實飽滿果形大是必須的，可以聲音來辨識新鮮度，輕輕彈一下鳳梨表面，有空盪回音的較為好吃。另外也可聞聞看，如果有透出淡雅清香味是最好的。

草莓顏色外觀鮮紅（選購整顆紅的均勻的草莓），且有光亮色澤的越甜，聞起來有濃郁香味的都是不錯的品質。另外，如希望草莓有一定的甜度，則白色部分愈少愈好，並留意草莓籽的附著情況，如果附著越深、分布均勻，果肉的甜度也會比較高。

櫻桃是屬於嬌貴的水果並且不耐久存，由於品種很多，大致分為紅櫻桃與白櫻桃這兩種品種，新鮮的櫻桃應是圓圓胖胖、深紅色、顆粒大，梗的部分是翠綠色較新鮮，避免買到果實暗沈、有乾萎賣相的。此外，如果有坑洞，也不建議購買。

檸檬要注意選購果粒較堅硬、表面無碰撞痕跡，外表光滑且有光澤並帶著芳香味的。做果醬也可選用無籽檸檬，在製作時較為方便，另外，要留意避免選購顏色暗沈不均、看起來外表已經是深黃色的綠檸檬。

火龍果是十分營養的水果，選擇時如果重量重，就代表汁多味美、果肉豐滿，表面的紅色越紅越好，火龍果外表的綠色如果感覺枯黃，則新鮮度就大打折扣了。此外，蒂頭鮮綠表示新鮮度絕佳。

香蕉的長度和寬度，都會影響香蕉的味道。外型肥厚果實飽滿其風味則愈好，表皮金黃又帶有黑斑點及香氣濃郁者為佳，太瘦的香蕉香味不夠，建議放棄。選購時注意蕉柄不要出現皺縮現象，否則容易腐爛，長度及直徑都可以影響香蕉的等級。

果汁機的果醬 VS. 鍋煮果醬，大不同

果汁機的果醬與鍋煮果醬有何不同？果汁機的果醬在操作上相對地是比較快速的，處理完果皮及去籽或去核後，可以將水果全部打成泥狀，也可以將水果略打，保留部分果肉一起熬煮。或是部分打成泥，部分切成絲或細丁狀，果汁機的果醬煮出來也相對較無流動感，濕潤度也沒有鍋煮果醬來的明顯。

鍋煮果醬是將水果食材處理完畢後，無論切丁，切絲、或是切片狀，處理完後加入檸檬汁及砂糖後就可以直接熬煮，但也可以用法式的作法，所謂法式作法，就是利用當季新鮮盛產的水果，將其水果與糖先行醃漬一晚再熬煮，如果不想久等，至少要將水果醃漬四小時，然後再行熬煮，法式果醬作出的

鍋煮的果醬

果汁機作出的果醬

濕潤度極高，大多是利用糖的醃漬來讓水果中的水分完全逼出，作出的果醬也較能完全保留住水果的原汁，來達到食用時的純粹度。

果汁機的果醬處理快，但煮出的果醬大多是凝狀，較無法完整吃到果肉的充實感，鍋煮果醬在處理上前置作業較麻煩，包含醃漬的時間也較久，但醃漬後煮出的果醬，透明度及柔軟度都較高，也比較不會像果汁機作出的果醬有凝膠的感覺。在色彩上，果汁機的果醬色彩一樣可以很艷麗，但跟鍋煮先行醃漬過的果醬比較起來，先行醃漬的果醬，煮出來的成品，層次感比果汁機的果醬要來的豐富且耀眼。

雙色果醬適合用果汁機及鍋煮果醬兩種不同技法來結合，通常下層的果醬最適合用果汁機技巧來熬煮，上層再用鍋煮果醬保留果肉的方式來與下層結合，但這並不是絕對，可以視個人喜好自己去玩果醬，玩色彩！

開始作果醬之前
切丁或切絲？作出不同的口感

一瓶果醬的風味，決定在很多的因素及關鍵，水果的新鮮度，大小怎麼切、溫度高低的掌控、使用的糖的來源和種類等等，只要小小的變因，都會影響這鍋果醬的味道。

通常在煮果醬時，可以先思考想要讓整瓶果醬呈現什麼樣的風貌，這兩種切法除了在處理時間的多寡不同外，切絲與切丁煮出來的果醬也會有不同的感覺及效果。

絲狀的果醬由於結構分子變小及細，在熬煮時也會比較容易提前完成成品，切丁狀的方式由於結構與分子比切絲狀大些，切丁的果醬相反會花比較多的時間，但相對在吃的時候，口感在味蕾上的時間也會停留較久。

切絲的果醬有時可以部分用切絲，部分用果汁機打成泥來一起熬煮，完成熬煮後的成品，就會有整瓶果醬隱隱約約出現絲狀交錯的質感及視覺效果。

適合切絲的水果有黃檸檬、蘋果、鳳梨、西洋梨、葡萄柚皮及柳橙皮等，切丁的果醬例如櫻桃、甜桃、芒果、奇異果、木瓜、紅肉李等。有時也可嘗試一瓶果醬裡，用兩種不同的水果食材，利用不同的顏色來讓整瓶果醬有不同顏色交錯的絲狀效果。例如黃檸檬皮及葡萄柚皮就可以混搭來作這樣的呈現。

切丁的果醬作法很適合用法式作法先行醃漬的方式來作，作出的果醬不但有扎實感，果醬本身的流動感也充滿更濃厚的食用欲望。無論用哪一種切法來煮果醬，最重要的還是保留住水果的原始風味，其他的搭配方式其實都很靈活，色彩，水果種類的設計及混搭，都極具趣味性。

第一篇
九款明星果醬
成功度百分百

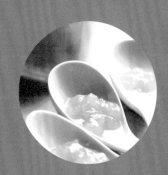

草莓果醬

材料 ● 草莓　370g
　　　砂糖　220g
　　　檸檬　1顆壓成汁

做法 ● 1 草莓洗淨後去蒂。

2 將草莓微微捏碎放入鋼盆，加入砂糖及檸檬汁混合。

3 將草莓倒入較深的不鏽鋼鍋中，以中強火煮至沸騰，中間要不停以木匙攪拌以免沾鍋。

4 沸騰中一邊輕輕攪拌一邊去除掉白色的浮末，直到浮末消失不再出現，整鍋出現光澤感即可熄火。

5 熄火後趁熱裝瓶，蓋緊蓋子後立即倒罐，靜置待涼即完成（罐子在煮果醬前先以沸水消毒並瀝乾備用）。

這樣更美味！

❶ 熬煮草莓完成後要能夠保持完整的草莓顆粒，所以最好選擇體型較大且完整的，作出來的效果較好。

❷ 草莓果醬熬煮時要注意時間，熬煮過程中要不斷攪拌並輕輕搖動鍋子，以免糖煮焦掉，攪拌時最好輕柔小心，不要破壞草莓的完整性。

❸ 清洗草莓時，要小心清洗，保留草莓完整度，正確洗法先以清水清洗一次，去蒂後再清洗一次瀝乾即可。

紫葡萄果醬

材料 ● 巨峰葡萄　　300g
　　　砂糖　　　　160g
　　　檸檬　　　　1 顆榨汁

做法 ● 1 葡萄洗淨後去皮，將果肉剝開去籽放入鋼盆中。

2 檸檬汁倒入鋼盆中，加入砂糖與葡萄果肉混合
　均勻放入冰箱靜置一小時。

3 將葡萄倒入不鏽鋼鍋中，以中強火煮至沸騰，
　中間要不停以木匙攪拌以免沾鍋。

4 沸騰中一邊輕輕攪拌一邊去除掉白色的浮末，
　直到浮末消失不再出現，整鍋出現光澤感即可
　熄火。

5 熄火後趁熱裝瓶，蓋緊蓋子後立即倒罐，靜置
　待涼即完成（罐子在煮果醬前先以沸水消毒並
　瀝乾備用）。

這樣更
美味！

葡萄去皮時，流出的果
汁可直接留在鋼盆中
一起跟果肉醃漬，這樣
可以留下更多的水果元
素。

奇異果果醬

材料 ● 奇異果　　200g
　　　砂糖　　　140g
　　　檸檬　　　1/2 顆榨汁

做法 ● 1 奇異果洗淨後去皮去心，將果肉切成小條狀放入鋼盆中。

　　　2 鋼盆中加入砂糖及檸檬汁與奇異果果肉混合均勻放入冰箱靜置一晚。

　　　3 將奇異果倒入不鏽鋼鍋中，以中強火煮至沸騰，中間要不停以木匙攪拌以免沾鍋。

　　　4 沸騰中一邊輕輕攪拌一邊去除掉白色的浮末，直到浮末消失不再出現，整鍋出現光澤感即可熄火。

　　　5 熄火後趁熱裝瓶，蓋緊蓋子後立即倒罐，靜置待涼即完成（罐子在煮果醬前先以沸水消毒並瀝乾備用）。

這樣更美味！

❶ 奇異果在選購時，避免買過熟的，熬煮出來的顏色會較為艷麗。

❷ 奇異果本身已具備帶酸性的口感，檸檬的部分不用加太多，保留奇異果原來的酸味較為自然，加糖時要注意糖分的掌控。

❸ 奇異果處理時，果肉中間白色的芯需去除，熬煮出的效果較好。

藍莓果醬

材料 ● 藍莓　200g
　　　砂糖　140g
　　　檸檬　1/2 顆壓成汁

做法 ● 1 藍莓洗淨後放入鋼盆中，加入砂糖及檸檬汁混
　　　　合均勻放入冰箱靜置一晚。

2 將藍莓倒入不鏽鋼鍋中，以中強火煮至沸騰後
　改小火，中間要不停以木匙攪拌以免沾鍋。

3 沸騰中一邊輕輕攪拌一邊去除掉浮末，直到浮
　末消失不再出現，整鍋出現光澤感即可熄火。

4 熄火後趁熱裝瓶，蓋緊蓋子後立即倒罐，靜置
　待涼即完成（罐子在煮果醬前先以沸水消毒並
　瀝乾備用）。

這樣更美味！

❶ 如果想快速煮出一瓶
　果醬，也可用不浸漬
　的方式直接熬煮，或
　是用果汁機略打後熬
　煮。

❷ 藍莓膠質很多，很容
　易沾鍋，熬煮時要留
　意要不停攪拌。

❸ 藍莓也可與其他水果
　搭配熬煮，例如香蕉
　或李子、蘋果等，效
　果也很好。

黑李果醬

材料 黑李　500g
砂糖　350g
檸檬　1/2 顆壓成汁

做法　1 黑李洗淨後去皮去核切成小片狀。

2 將黑李放入鋼盆中，加入砂糖及檸檬汁混合均勻放入冰箱靜置一晚。

3 將黑李倒入不鏽鋼鍋中，以中強火煮至沸騰，中間要不停以木匙攪拌以免沾鍋。

4 沸騰中一邊輕輕攪拌一邊去除掉浮末，直到浮末消失不再出現，整鍋出現光澤感即可熄火。

5 熄火後趁熱裝瓶，蓋緊蓋子後立即倒罐，靜置待涼即完成（罐子在煮果醬前先以沸水消毒並瀝乾備用）。

這樣更美味！

❶ 這款果醬前置作業有些麻煩，作出來效果卻是出奇的好，如要讓作出的顏色更乾淨艷麗，建議在黑李內核周圍的紅果肉部分切除，煮出的效果會更好看。

❷ 李子果醬也可拿來與果茶調味，味道帶有酸甜感，口感別具風味。

哈密瓜果醬

材料 哈密瓜　　200g
　　　　　砂糖　　　140g
　　　　　檸檬　　　1/2 顆壓成汁

做法 1 哈密瓜洗淨後去皮去籽切成小丁狀。

2 將哈密瓜放入鋼盆，加入砂糖及檸檬汁混合後，
放入冰箱靜置一晚。

3 將哈密瓜倒入不鏽鋼鍋中，以中強火煮至沸騰，
中間要不停以木匙攪拌以免沾鍋。

4 沸騰中一邊輕輕攪拌一邊去除掉白色的浮末，
直到浮末消失不再出現，整鍋出現光澤感即可
熄火。

5 熄火後趁熱裝瓶，蓋緊蓋子後立即倒罐，靜置
待涼即完成（罐子在煮果醬前先以沸水消毒並
瀝乾備用）。

這樣更
美味！

哈密瓜在熬煮的成品打
開時，會有發酵的味
道，可與其他的水果食
材一起混合熬煮，發酵
的味道就不至於那麼明
顯了。

西洋梨果醬

材料 ● 西洋梨　　400g
　　　　砂糖　　　280g
　　　　檸檬　　　1/2 顆榨汁

做法 ● 1 西洋梨洗淨後去皮去核，將果肉切片後放入鋼
　　　　　盆中。
　　　　2 檸檬汁倒入鋼盆，加入砂糖與西洋梨果肉混合
　　　　　均勻放入冰箱靜置一晚。
　　　　3 將西洋梨倒入不鏽鋼鍋中，以中強火煮至沸騰
　　　　　後改中小火，中間要不停以木匙攪拌以免沾鍋。
　　　　4 沸騰中一邊輕輕攪拌一邊去除掉白色的浮末，
　　　　　直到浮末消失不再出現，整鍋出現光澤感即可
　　　　　熄火。
　　　　5 熄火後趁熱裝瓶，蓋緊蓋子後立即倒罐，靜置
　　　　　待涼即完成（罐子在煮果醬前先以沸水消毒並
　　　　　瀝乾備用）。

這樣更
美味！

這款果醬可以用果汁機
微打成泥狀，熬煮出來
的果醬就會是凝狀，也
可保留些許果肉，再和
打完的西洋梨泥一起，
以浸漬的方式醃漬過再
行熬煮。

桃子果醬

材料 　桃子　400g
　　　　砂糖　280g
　　　　檸檬　1顆榨汁

做法　1 甜桃洗淨後去皮，將果肉剝開去核切片放入鋼盆中。

　　　2 檸檬汁倒入鋼盆，加入砂糖與甜桃果肉混合均勻放入冰箱靜置一晚。

　　　3 將甜桃倒入不鏽鋼鍋中，以中強火煮至沸騰後改小火，中間要不停以木匙攪拌以免沾鍋。

　　　4 沸騰中一邊輕輕攪拌一邊去除掉白色的浮末，直到浮末消失不再出現，整鍋出現光澤感即可熄火。

　　　5 熄火後趁熱裝瓶，蓋緊蓋子後立即倒罐，靜置待涼即完成（罐子在煮果醬前先以沸水消毒並瀝乾備用）。

這樣更美味！

❶ 這也是一款很容易成功效果又好的果醬，要注意的是不要過度熬煮，這樣桃子原來的酸甜及香氣即會很容易被保留住，作好的隔兩天吃，香氣最足，打開時，即可聞到桃子特有的香氣。

❷ 桃子可加少許蜂蜜調味增添香氣，熬煮時，鍋內呈黏稠感時加入，再持續熬煮3～5分鐘左右即可。

芒果果醬

材料 芒果　　　300g
　　　　　　砂糖　　　210g
　　　　　　蘋果泥　　15g
　　　　　　檸檬　　　1/2 顆壓成汁

做法 1 芒果洗淨後削皮去核。

　　　　　2 芒果切片後放入果汁機打勻，放入鋼盆後，加
　　　　　　入砂糖及檸檬汁混合。

　　　　　3 將芒果倒入不鏽鋼鍋中，加入蘋果泥，以中強
　　　　　　火煮至沸騰，中間要不停以木匙攪拌並去除掉
　　　　　　黃色的浮末。

　　　　　4 熄火後趁熱裝瓶，蓋緊蓋子後立即倒罐，靜置
　　　　　　待涼即完成（罐子在煮果醬前先以沸水消毒並
　　　　　　瀝乾備用）。

這樣更美味！

❶ 如要芒果醬本身帶些許果肉的口感，可在前置作業時，留下些許果肉切成小碎丁狀或塊狀，熬煮時一起丟入即可。

❷ 芒果顏色熬煮出後效果呈現金黃色，在熬煮時不宜煮過久，以免顏色變深。

第二篇
絕對吃不膩的
經典果醬

蘋果果醬

材料
蘋果　300g
砂糖　210g
檸檬　1顆榨汁

做法
1 蘋果洗淨後去皮去核，將果肉切成片狀放入果汁機中，加少許水打勻備用（可保留少許蘋果丁或切成細條狀熬煮時一起加入）。
2 鋼盆中加入砂糖及檸檬汁與蘋果果泥混合均勻。
3 將蘋果倒入不鏽鋼鍋中，以中強火煮至沸騰，中間要不停以木匙攪拌以免沾鍋。
4 沸騰中一邊輕輕攪拌一邊去除掉白色的浮末，直到浮末消失不再出現，整鍋出現光澤感即可熄火。
5 熄火後趁熱裝瓶，蓋緊蓋子後立即倒罐，靜置待涼即完成（罐子在煮果醬前先以沸水消毒並瀝乾備用）。

這樣更
美味！

❶ 這款果醬很容易成功，也是入門基礎果醬的一款，另外也可將蘋果切絲，或是用醃漬至少4小時的方式，直接切丁熬煮也可。

❷ 建議在處理蘋果前，先將檸檬汁壓擠好放在鋼盆中，切好的蘋果肉放進鋼盆後邊攪拌，這樣可讓蘋果果肉不氧化，顏色可保留完整些，煮出的果醬顏色更好看。

❸ 蘋果可與其他水果搭配熬煮，例如覆盆莓，李子、鳳梨等，效果都非常好。

柳橙果醬

材料 　柳橙　300g
　　　　　砂糖　210g
　　　　　檸檬　1 顆榨汁

做法　　1 將柳橙去皮，皮的部分留下乾淨無斑點部分，
　　　　　果肉去白膜切細塊狀備用。
　　　2 鍋中將水煮沸，放入柳橙皮煮約一分鐘後取出，
　　　　　這個動作重複兩次，第三次煮沸後，再慢火煮
　　　　　約 40 分鐘取出柳橙皮，瀝乾並將柳橙皮內白膜
　　　　　以湯匙輕刮乾淨。
　　　3 將柳橙皮切成小丁或細絲狀，與柳橙果肉一起
　　　　　放入鋼盆與砂糖及檸檬汁混合。
　　　4 鋼盆中的柳橙皮及果肉倒入不鏽鋼鍋中，以中
　　　　　強火煮至沸騰，中間要不停以木匙攪拌以免沾
　　　　　鍋並一邊去除掉白色浮末，直到浮末消失不再
　　　　　出現，整鍋出現光澤感即可熄火。
　　　5 熄火後趁熱裝瓶，蓋緊蓋子倒扣至涼即完成。

這樣更美味！

❶ 柳橙在選購時留意
　表面是否有斑點的狀
　況，有斑點的柳橙皮
　作出的果醬較易影響
　美觀。

❷ 柳橙皮內的白膜用湯
　匙輕刮乾淨時，須注
　意力道的掌控，否則
　容易將柳橙皮一起刮
　破。

粉紫果醬

材料 　白木耳　　　20g
　　　　　　　砂糖　　　　50g
　　　　　　　藍莓果醬　　1/4 茶匙

做法　　1 白木耳洗淨去蒂後泡水 30 分鐘待膨脹，當中換
　　　　　水三次。
　　　2 將膨脹後的白木耳放入果汁機中打勻後取出備
　　　　　用。
　　　3 將白木耳倒入不鏽鋼鍋中，以中強火煮至沸騰，
　　　　　中間要不停以木匙攪拌以免沾鍋。
　　　4 沸騰中一邊輕輕攪拌一邊去除掉白色的浮末，
　　　　　直到浮末消失不再出現，此時加入藍莓果醬續
　　　　　攪拌。整鍋出現光澤感即可熄火。
　　　5 當鍋內出現濃稠光澤感時即可熄火並趁熱裝瓶，
　　　　　蓋緊蓋子後立即倒罐，靜置待涼即完成（罐子
　　　　　在煮果醬前先以沸水消毒並瀝乾備用）。

這樣更
美味！

藍莓果醬加入的時間不
宜過早，以免煮久顏色
變深影響粉色感。

黃檸檬果醬

材料 ● 黃檸檬　　5 顆
　　　　砂糖　　　400g

做法 ●
1 將每顆黃檸檬切成 4 等份，皮與果肉分開。
2 果肉全部壓成汁後，果汁放入鋼盆，果肉放入
　紗布袋。
3 將黃檸檬皮放入煮開的沸水鍋中，直煮到皮沒
　有苦味並且成為半透明狀為止。
4 煮好的黃檸檬皮切成細條狀，放入鋼盆中，加
　入砂糖與果汁拌勻後，放入冰箱靜置兩小時。
5 將靜置過後的黃檸檬倒入不鏽鋼鍋中，並加入
　之前的果肉紗布袋，以中強火煮至沸騰，中間
　要不停以木匙攪拌以免沾鍋。
6 沸騰中一邊輕輕攪拌一邊去除掉黃色的浮末，
　直到浮末消失不再出現，整鍋出現光澤感即可
　熄火。
7 熄火後取出紗布袋，趁熱裝瓶並蓋緊蓋子立即
　倒罐，靜置待涼即完成（罐子在煮果醬前先以
　沸水消毒並瀝乾備用）。

這樣更美味！

❶ 前置作業將黃檸檬
果皮煮到皮沒有苦味
這個步驟很重要，苦
味如果沒盡量煮到消
失，之後作出的成品
香氣就會受影響，口
感也會大打折扣。

❷ 果皮熬煮至透明狀
時，就是接近完成的
階段。

❸ 黃檸檬可用手掌壓住
滾動後再榨汁，較容
易榨出更多果汁出來。

❹ 熬煮時也可加入少
許青蘋果泥一起熬
煮，口感更佳！

芒果香草果醬

材料 　芒果　　　300g
　　　　　　砂糖　　　180g
　　　　　　香草莢　　1 根
　　　　　　檸檬　　　1 顆壓成汁

做法　1 芒果洗淨後削皮去核。
　　　2 將芒果切片後放入果汁機打勻，放入鍋盆後，
　　　　加入砂糖及檸檬汁混合。
　　　3 香草莢從中間剖開，取出香草籽加入鍋盆混合。
　　　4 將芒果倒入不鏽鋼鍋中，以中強火煮至沸騰，
　　　　中間要不停以木匙攪拌並去除掉黃色的浮末。
　　　5 剩餘的香草莢加入鍋中一起熬煮。
　　　6 熄火後趁熱裝瓶，蓋緊蓋子後立即倒罐，靜置
　　　　待涼即完成（罐子在煮果醬前先以沸水消毒並
　　　　瀝乾備用）。

這樣更美味！

❶ 剩餘的香草莢加入鍋
中的時間，約在熄火
前 1 分鐘加入即可，
以免影響整鍋芒果果
醬的顏色。

❷ 如要芒果醬本身帶些
許果肉的口感，可在
前置作業時，留下些
許果肉切丁，熬煮時
一起丟入即可。

❸ 芒果在熬煮時，加
入少許蘋果泥，可讓
作出的芒果醬更為凝
稠。

鳳梨百香果果醬

材料 ●
鳳梨	300g
百香果	3 顆
細砂糖	210g
檸檬	1/2 顆

做法 ●

1 鳳梨去皮除去心後切成 3 至 5 公分小片狀，百香果切半挖出果肉及果汁，檸檬壓汁備用。

2 取一鋼盆，將鳳梨與砂糖及檸檬汁混合拌勻。

3 將鳳梨百香果倒入不鏽鋼鍋中，以中強火煮至沸騰，中間要不停以木匙攪拌並去除掉黃色的浮末。

4 待浮末不再出現，泡沫呈現透明光澤感即可熄火裝瓶完成。

5 熄火後趁熱裝瓶，蓋緊蓋子後立即倒罐，靜置待涼即完成（罐子在煮果醬前先以沸水消毒並瀝乾備用）。

這樣更美味！

❶ 如不想要百香果的籽放入熱煮，可將果肉及籽裝進紗布袋一起放進不鏽鋼鍋中，這樣就會只有其味，而不會讓百香果籽來影響口感了。

❷ 鳳梨本身若太甜時，可在糖分上減少些，但要注意糖分也不可過少，糖量太低會影響果醬凝結。

粉紅果醬

材料 　白木耳　　　20g
　　　　　砂糖　　　　50g
　　　　　火龍果果醬　1/4 茶匙

做法 　1 白木耳洗淨去蒂後泡水 30 分鐘待膨脹，當中換
　　　　水三次。

　　　2 將膨脹後的白木耳放入果汁機中打勻後取出備
　　　　用。

　　　3 將白木耳倒入不鏽鋼鍋中，以中強火煮至沸騰，
　　　　中間要不停以木匙攪拌以免沾鍋。

　　　4 沸騰中一邊輕輕攪拌一邊去除掉白色的浮末，
　　　　直到浮末消失不再出現，此時加入火龍果醬續
　　　　攪拌。整鍋出現光澤感即可熄火。

　　　5 當鍋內出現濃稠光澤感時即可熄火並趁熱裝瓶，
　　　　蓋緊蓋子後立即倒罐，靜置待涼即完成（罐子
　　　　在煮果醬前先以沸水消毒並瀝乾備用）。

這樣更
美味！

火龍果醬可搭配少許蘋
果泥一起與白木耳熬
煮，讓口感更爲凝稠。

白葡萄果醬

材料 白葡萄　　300g
　　　　　砂糖　　　160g
　　　　　檸檬　　　1/2 顆榨汁

做法　1 葡萄洗淨後去皮，將果肉剝開去籽放入鋼盆中。
　　　2 檸檬汁倒入鋼盆，加入砂糖與葡萄果肉混合均
　　　　勻放入冰箱靜置一小時。
　　　3 將葡萄倒入不鏽鋼鍋中，以中強火煮至沸騰，
　　　　中間要不停以木匙攪拌以免沾鍋。
　　　4 沸騰中一邊輕輕攪拌一邊去除掉白色的浮末，
　　　　直到浮末消失不再出現，整鍋出現光澤感即可
　　　　熄火。
　　　5 熄火後趁熱裝瓶，蓋緊蓋子後立即倒罐，靜置
　　　　待涼即完成（罐子在煮果醬前先以沸水消毒並
　　　　瀝乾備用）。

這樣更
美味！

❶ 白葡萄也可加入桂
　花或是洛神花一起熬
　煮。

❷ 葡萄去皮時流下的果
　汁可保留與糖及檸檬
　汁一起醃漬。

西瓜果醬

材料 西瓜　240g
　　　砂糖　160g
　　　檸檬　1/2 顆榨汁

做法　1 西瓜洗淨後去皮去籽取出果肉切成小丁狀備用。

　　　2 鋼盆中加入砂糖及檸檬汁與西瓜丁混合均勻。

　　　3 將西瓜倒入不鏽鋼鍋中，以中小火煮至沸騰，
　　　　中間要不停以木匙攪拌以免沾鍋。

　　　4 沸騰中一邊輕輕攪拌一邊去除浮末，直到浮末
　　　　消失不再出現，整鍋出現光澤感即可熄火。

　　　5 熄火後趁熱裝瓶，蓋緊蓋子後立即倒罐，靜置
　　　　待涼即完成（罐子在煮果醬前先以沸水消毒並
　　　　瀝乾備用）。

這樣更美味！

❶ 西瓜籽要記得清除乾
淨，否則煮出的西瓜
果醬會容易有雜質。

❷ 如果將果肉用果汁機
打勻後再熬煮，煮出
的效果就會是透明的
汁液。

香瓜果醬

材料 香瓜　300g
砂糖　210g
檸檬　1顆壓成汁

做法　1 香瓜洗淨後去皮去籽切成小片狀。

2 將香瓜放入鋼盆中，加入砂糖及檸檬汁混合均
勻放入冰箱靜置4小時。

3 將香瓜倒入不鏽鋼鍋中，以中強火煮至沸騰，
中間要不停以木匙攪拌以免沾鍋。

4 沸騰中一邊輕輕攪拌一邊去除掉白色的浮末，
直到浮末消失不再出現，整鍋出現光澤感即可
熄火。

5 熄火後趁熱裝瓶，蓋緊蓋子後立即倒罐，靜置
待涼即完成（罐子在煮果醬前先以沸水消毒並
瀝乾備用）。

這樣更美味！

❶ 香瓜浸漬後，逼出水
果水分與糖融合，減
少熬煮的時間，顏色
會更清澈些。

❷ 香瓜切片時，切薄片
熬煮出的效果會呈現
透明狀，裝瓶時視覺
效果更好。

粉綠果醬

材料 白木耳　　　20g
　　　　　砂糖　　　　50g
　　　　　酪梨果醬　　1/4 茶匙

做法　　1 白木耳洗淨去蒂後泡水 30 分鐘待膨脹，當中換
　　　　　水三次。
　　　　2 將膨脹後的白木耳放入果汁機中打勻後取出備
　　　　　用。
　　　　3 將白木耳倒入不鏽鋼鍋中，以中強火煮至沸騰，
　　　　　中間要不停以木匙攪拌以免沾鍋。
　　　　4 沸騰中一邊輕輕攪拌一邊去除掉白色的浮末，
　　　　　直到浮末消失不再出現，此時加入酪梨果醬續
　　　　　攪拌。整鍋出現光澤感即可熄火。
　　　　5 當鍋內出現濃稠光澤感時即可熄火並趁熱裝瓶，
　　　　　蓋緊蓋子後立即倒罐，靜置待涼即完成（罐子
　　　　　在煮果醬前先以沸水消毒並瀝乾備用）。

這樣更
美味！

如要讓整瓶果醬更為粉
嫩，建議酪梨果醬加入
的比例可少於1/4茶匙。

鳳梨香草果醬

材料

鳳梨	300g	
砂糖	180g	
香草莢	1 根	
檸檬	1 顆壓成汁	

做法

1 鳳梨洗淨後削皮去心切成小片狀。

2 將鳳梨放入果汁機打勻後（可保留少許鳳梨丁待熬煮時一起加入），放入鋼盆後，加入砂糖及檸檬汁混合。

3 香草莢從中間剖開，取出香草籽加入鋼盆混合。

4 將鳳梨倒入不鏽鋼鍋中，以中強火煮至沸騰，中間要不停以木匙攪拌並去除掉黃色的浮末。

5 剩餘的香草莢加入鍋中一起熬煮。

6 熄火後趁熱裝瓶，蓋緊蓋子後立即倒罐，靜置待涼即完成（罐子在煮果醬前先以沸水消毒並瀝乾備用）。

這樣更美味！

❶ 如不想丟棄鳳梨心，建議可將鳳梨心放入果汁機，加入少許水一起打成泥，在熬煮時一起加入，這樣就不會有浪費食材的問題了。

❷ 如要熬煮較為濕潤的鳳梨果醬，前置作業改為鳳梨洗淨後，削皮去心切成小片狀，放入鋼盆後加入砂糖及檸檬汁混合放入冰箱浸漬一晚，作出的果醬就會較為濕潤了。

粉黃果醬

材料 ●
白木耳　　20g
砂糖　　　50g
芒果果醬　1/4 茶匙

做法 ●
1 白木耳洗淨去蒂後泡水 30 分鐘待膨脹，當中換水三次。

2 將膨脹後的白木耳放入果汁機中打勻後取出備用。

3 將白木耳倒入不鏽鋼鍋中，以中強火煮至沸騰，中間要不停以木匙攪拌以免沾鍋。

4 沸騰中一邊輕輕攪拌一邊去除掉白色的浮末，直到浮末消失不再出現，此時加入芒果果醬續攪拌。整鍋出現光澤感即可熄火。

5 當鍋內出現濃稠光澤感時即可熄火並趁熱裝瓶，蓋緊蓋子後立即倒罐，靜置待涼即完成（罐子在煮果醬前先以沸水消毒並瀝乾備用）。

這樣更美味！

如想嘗試其他口味或加味，芒果果醬可加入少許柳橙汁一起熬煮或是用柳橙汁取代芒果果醬，一樣有粉黃色的效果。

第三篇
好美好美的
雙色果醬

酪梨鳳梨

材料 ●
鳳梨　200g（砂糖 140g）
酪梨　100g（砂糖 70g）
檸檬　1/2 顆榨汁（檸檬只用在鳳梨的部分）

作法 ●
1 鳳梨洗淨後去皮去心切成小丁狀。

2 將鳳梨放入鋼盆，加入砂糖及檸檬汁混合後，
　放入冰箱靜置一晚。

3 將鳳梨倒入不鏽鋼鍋中，以中強火煮至沸騰，
　中間要不停以木匙攪拌以免沾鍋。

4 沸騰中一邊輕輕攪拌一邊去除掉白色的浮末，
　直到浮末消失不再出現，整鍋出現光澤感即可
　熄火。

5 熄火後趁熱裝瓶（裝瓶時倒入近 1/2 的分量），
　蓋緊蓋子後備用（罐子在煮果醬前先以沸水消
　毒並瀝乾備用）。

6 將酪梨切半去核後挖出，放入果汁機加水、砂
　糖及檸檬汁混合打勻備用。

7 將酪梨倒入不鏽鋼鍋中，以中強火煮至沸騰後
　改中小火，中間要不停以木匙攪拌以免沾鍋。
　沸騰中一邊輕輕攪拌一邊去除掉浮末，直到浮
　末消失不再出現，整鍋出現光澤感即可熄火。

8 熄火後趁熱裝瓶至鳳梨瓶中，蓋緊蓋子倒扣至
　涼即完成。

> ### 這樣更美味！
>
> ❶ 酪梨果醬非常容易焦
> 鍋，在熬煮時要特別
> 留意要不停的攪拌以
> 免沾鍋。
>
> ❷ 如果不想讓整瓶果醬
> 有渲染的效果，可讓
> 底下鳳梨的冷卻時間
> 久一些再倒入酪梨果
> 醬，它的分層效果就
> 會更清楚。
>
> ❸ 此款果醬的檸檬只用
> 在鳳梨的部分，酪梨
> 不使用，以免影響酪
> 梨的口感。

地瓜蘋果桂花

材料 ● 地瓜　100g（砂糖 70g）
蘋果　100g（砂糖 60g）
桂花　1 小匙
檸檬　1/2 顆榨汁（檸檬只用在蘋果部分）

作法 ● 1 地瓜洗淨去皮切片後，放入鍋中蒸熟備用。
2 將蒸好的地瓜放入果汁機中，加入少許水打成泥。
3 地瓜倒入不鏽鋼鍋中加砂糖及半碗水，以中強火煮至沸騰，當中不停以木匙攪拌並去除掉浮末，直到浮末消失不再出現，整鍋出現光澤感即可熄火。
4 熄火後趁熱裝瓶，蓋緊蓋子後備用（罐子在煮果醬前先以沸水消毒並瀝乾備用）。
5 蘋果去皮去核，切片放入果汁機中打碎後（蘋果可保留些小丁狀熬煮時一起放入鍋中），放入鋼盆中與檸檬汁及砂糖混合。
6 將蘋果泥及果肉一起倒入不鏽鋼鍋中，以中強火煮至沸騰，此時加入桂花一起熬煮，中間要不停以木匙攪拌以免沾鍋。
7 沸騰中一邊輕輕攪拌一邊去除掉白色的浮末，直到浮末消失不再出現，整鍋出現光澤感即可熄火。
8 熄火後趁熱裝瓶至地瓜瓶中，蓋緊蓋子倒扣至涼即完成。

這樣更美味！

❶ 地瓜在熬煮中需不斷注意火候及攪拌，以免鍋底容易燒焦。

❷ 桂花的香氣，在熬煮中不宜熬煮過久，以免桂花的顏色變深而影響整瓶果醬的美感。建議在整鍋果醬完成前 1 分鐘再加入即可。

黑李蘋果鳳梨

材料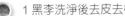
黑李　200g
蘋果　1顆（砂糖140g）
鳳梨　80g
檸檬　1顆壓成汁（黑李及蘋果鳳梨各使用一半）

作法
1 黑李洗淨後去皮去核切成小片狀。
2 將黑李放入鋼盆中，加入砂糖及檸檬汁混合均
　勻放入冰箱靜置一晚。
3 將黑李倒入不鏽鋼鍋中，以中強火煮至沸騰，
　中間要不停以木匙攪拌以免沾鍋。
4 沸騰中一邊輕輕攪拌一邊去除掉黃色的浮末，
　直到浮末消失不再出現，整鍋出現光澤感即可
　熄火。
5 熄火後趁熱裝瓶（裝瓶時倒入近一半的分量），
　蓋緊蓋子後立即倒罐，靜置待涼即完成（罐子
　在煮果醬前先以沸水消毒並瀝乾備用）。
6 蘋果削皮後與鳳梨一起切成塊狀，放入果汁機
　裡，加入檸檬汁打勻後備用（可保留少許果粒
　保持口感）。
7 將蘋果鳳梨果泥倒入不鏽鋼鍋中，以中強火煮
　至沸騰，中間要不停以木匙攪拌以免沾鍋。
8 沸騰中一邊輕輕攪拌一邊去除掉黃色的浮末，
　直到浮末消失不再出現，整鍋出現光澤感即可
　熄火。
9 熄火後趁熱裝瓶至黑李瓶中，蓋緊蓋子倒扣至
　涼即完成。

這樣更
美味！

❶ 加入少許鳳梨有改
變下層蘋果顏色的效
果，但比例上建議不
要太多，可讓整瓶果
醬顏色層次更為豐
富。

❷ 上層的黑李在熱煮
時，要把握下層蘋果
鳳梨的凝結時間，下
層不要凝固過久，上
層黑李果醬倒入時，
會有流動的效果，一
片片的黑李就會像花
朵般的視覺美感。

柳橙葡萄

材料 ● 巨峰葡萄　300g（砂糖 210g）
　　　柳橙　　　360g（砂糖 220g）
　　　檸檬　　　2 顆榨汁（葡萄及柳橙各使用一半）

作法 ●
1 葡萄洗淨後去皮，將果肉剝開去籽放入鋼盆中
　與砂糖及檸檬汁混合備用。
2 將葡萄果皮連同果肉倒入不鏽鋼鍋中，以中強
　火煮至沸騰，鍋中出現紫色的汁液後將果皮撈
　出，鍋中果肉續煮並不停以木匙攪拌以免沾鍋。
　一邊去除掉白色浮末，直到浮末消失不再出現，
　整鍋出現光澤感即可熄火。
3 熄火後趁熱裝瓶（葡萄裝瓶時倒入近一半的分
　量），蓋緊蓋子後備用（罐子在煮果醬前先以
　沸水消毒並瀝乾備用）。
4 將柳橙去皮，皮的部分留下乾淨無斑點部分，
　果肉去白膜切細塊狀備用。
5 鍋中將水煮沸，放入柳橙皮煮約 1 分鐘後取出，
　這個動作重複兩次，第三次煮沸後，再以小火
　煮約 40 分鐘取出柳橙皮，瀝乾並將柳橙皮內白
　膜以湯匙輕刮乾淨。
6 將柳橙皮切成小丁或細絲狀，與柳橙果肉一起
　放入鋼盆與砂糖及檸檬汁混合。
7 鋼盆中的柳橙皮及果肉倒入不鏽鋼鍋中，以中
　強火煮至沸騰，中間要不停以木匙攪拌以免沾
　鍋並一邊去除掉白色浮末，直到浮末消失不再
　出現，整鍋出現光澤感即可熄火。
8 熄火後趁熱裝瓶至之前的葡萄果醬瓶中，蓋緊
　蓋子倒扣至涼即完成。

這樣更
美味！

❶ 柳橙在選購時留意
　表面是否有斑點的狀
　況，有斑點的柳橙皮
　作出的果醬較易影響
　美觀。

❷ 柳橙皮內的白膜用湯
　匙輕刮乾淨時，須注
　意力道的掌控，否則
　容易將柳橙皮一起刮
　破。

❸ 葡萄果醬的顏色深
　淺，取決在葡萄皮的
　熬煮時間，時間越久
　顏色越深。

藍莓蔓越莓

材料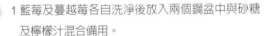

藍莓　　　200g（砂糖 140g）
蔓越莓　　160g（砂糖 100g）
檸檬　　　1顆榨汁（藍莓及蔓越莓各使用一半）

做法

1 藍莓及蔓越莓各自洗淨後放入兩個鋼盆中與砂糖及檸檬汁混合備用。

2 將藍莓倒入不鏽鋼鍋中，以中強火煮至沸騰，鍋中出現紫色的汁液後，將果粒輕壓出汁並將果肉壓扁成泥狀，當中不停以木匙攪拌以免沾鍋。一邊去除掉紫色浮末，直到浮末消失不再出現，整鍋出現光澤感即可熄火。

3 熄火後趁熱裝瓶（藍莓裝瓶時倒入近一半的分量），蓋緊蓋子後備用（罐子在煮果醬前先以沸水消毒並瀝乾備用）。

4 將蔓越莓倒入不鏽鋼鍋中，以中強火煮至沸騰，鍋中出現紅色的汁液後，將果粒輕壓出汁並將果肉壓扁成泥狀，當中不停以木匙攪拌以免沾鍋。一邊去除掉白色浮末，直到浮末消失不再出現，整鍋出現光澤感即可熄火。

5 熄火後趁熱裝瓶至之前的藍莓果醬瓶中，蓋緊蓋子倒扣至涼即完成。

這樣更美味！

❶ 藍莓及蔓越莓屬於膠質較多的熬煮食材，在熬煮時需注意火候及時間，以免容易發生焦鍋的狀況。

❷ 藍莓及蔓越莓在選購的時候需留意蒂頭外表是否有萎縮瑕疵的狀況，外表瑕疵的部分，熬煮出來的果醬較不美觀。

柳橙奇異果

材料

奇異果　　約 500g（砂糖 300g）
柳橙　　　300g（砂糖 200g）
檸檬　　　2 顆榨汁（奇異果及柳橙各使用一半）

作法

1 奇異果洗淨後去皮，將奇異果的白色內心去除，果肉切成小丁狀後，放入鋼盆中與砂糖及檸檬汁混合備用。

2 將奇異果果肉倒入不鏽鋼鍋中，以中強火煮至沸騰，當中不停以木匙攪拌以免沾鍋。一邊去除掉綠色浮末，直到浮末消失不再出現，整鍋出現光澤感即可熄火。

3 熄火後趁熱裝瓶（奇異果裝瓶時倒入近一半的分量），蓋緊蓋子後備用（罐子在煮果醬前先以沸水消毒並瀝乾備用）。

4 將柳橙去皮，皮的部分留下乾淨無斑點部分，果肉去白膜切細塊狀備用。

5 鍋中將水煮沸，放入柳橙皮煮約 1 分鐘後取出，這個動作重複兩次，第三次煮沸後，再慢火煮約 40 分鐘取出柳橙皮，瀝乾並將柳橙皮內白膜以湯匙輕刮乾淨。再將柳橙皮切成小丁或細絲狀，與柳橙果肉一起放入鋼盆與砂糖及檸檬汁混合。

6 鋼盆中的柳橙皮及果肉倒入不鏽鋼鍋中，以中強火煮至沸騰，中間要不停以木匙攪拌以免沾鍋並一邊去除掉白色浮末，直到浮末消失不再出現，整鍋出現光澤感即可熄火。

7 熄火後趁熱裝瓶至奇異果瓶中，蓋緊蓋子倒扣至涼即完成。

這樣更
美味！

熱煮重點請參考柳橙果醬（第 45 頁）。

木瓜白木耳

材料
木瓜　　　200g（140g）
白木耳　　40g（砂糖 80g）
檸檬　　　1顆壓成汁（檸檬只用在木瓜上，白木耳不加檸檬汁）

做法
1 木瓜洗淨去皮後放入果汁機打成泥（可保留些許口感，不打的太碎）。

2 白木耳去蒂後，放入鋼盆中加水使其膨脹，其中換水兩到三次。

3 將白木耳放入果汁機，打成碎末狀，放入鋼盆並加入砂糖混合備用。

4 將木瓜倒入不鏽鋼鍋中，以中強火煮至沸騰，中間要不停以木匙攪拌並去除掉白色的浮末。

5 熄火後趁熱裝瓶（木瓜裝瓶時倒入近一半的分量），蓋緊蓋子後備用（罐子在煮果醬前先以沸水消毒並瀝乾備用）。

6 白木耳倒入不鏽鋼鍋中，以中強火煮至沸騰，中間要不停以木匙攪拌並一邊去除掉白色的浮末，直到浮末慢慢消失不再出現，整鍋出現光澤感即可熄火。

7 熄火後趁熱裝瓶至之前的木瓜果醬瓶中，蓋緊蓋子倒扣至涼即完成。

這樣更美味！

❶ 白木耳在熬煮時，需加水一起熬煮，否則容易焦鍋，熬煮到白木耳變為黏稠透明狀即可。

❷ 白木耳的其他搭配水果可任意改變搭配，分層效果都相當不錯。

鳳梨覆盆子香草

材料 ●
鳳梨　　　100g（砂糖 70g）
覆盆子　　80g（砂糖 70g）
香草莢　　1 根
檸檬　　　1 顆榨汁（鳳梨及覆盆子各使用一半）

作法 ●
1 鳳梨削皮去心後，切片放入果汁機中打碎（切
　鳳梨時可切些小丁狀熬煮時一起放入鍋中）。
2 將打完的鳳梨果泥放入鋼盆中與檸檬汁及砂糖
　混合。
3 香草莢從中間剖開，取出香草籽加入鋼盆與鳳
　梨混合。
4 將鳳梨及鳳梨果肉一起倒入不鏽鋼鍋中，以中
　強火煮至沸騰，中間要不停以木匙攪拌以免沾
　鍋，剩餘的香草莢加入鍋中一起熬煮。
5 沸騰中一邊輕輕攪拌一邊去除掉黃色的浮末，
　直到浮末消失不再出現，整鍋出現光澤感即可
　熄火。
6 熄火後趁熱裝瓶（鳳梨裝瓶時倒入近一半的分
　量），加入香草莢於瓶中，蓋緊蓋子後備用（罐
　子在煮果醬前先以沸水消毒並瀝乾備用）。
7 覆盆子保留香氣不洗，倒入不鏽鋼鍋中，加入
　砂糖及檸檬汁後，以中強火煮至沸騰後改小火，
　中間要不停以木匙攪拌以免沾鍋。
8 沸騰中一邊輕輕攪拌一邊去除掉浮末，直到浮
　末消失不再出現，整鍋出現光澤感即可熄火。
9 熄火後趁熱裝瓶至鳳梨瓶中，蓋緊蓋子倒扣至
　涼即完成。

這樣更
美味！

莓果本身帶有天然的香
氣，覆盆子如果清洗過
度，香氣會失散許多，
建議保留它原來的香
味，在熬煮後香氣會更
為濃郁。

桑葚甜桃蘋果

材料 ● 桑葚　　　200g（砂糖 140g）
　　　　白甜桃　　100g
　　　　蘋果　　　80g（砂糖 120g）
　　　　檸檬　　　1 顆榨汁（桑葚及白甜桃、蘋果各使用一半）

作法 ● 1 桑葚洗淨去除蒂頭後，放入果汁機略打備用。
　　　　2 打完的桑葚放入鋼盆加入砂糖及檸檬汁混合。
　　　　3 將桑葚倒入不鏽鋼鍋中，以中強火煮至沸騰，
　　　　　鍋中出現紫色的汁液後，將果粒輕壓出汁並將
　　　　　果肉壓扁成泥狀，當中不停以木匙攪拌以免沾
　　　　　鍋。一邊去除掉白色浮末，直到浮末消失不再
　　　　　出現，整鍋出現光澤感即可熄火。
　　　　4 熄火後趁熱裝瓶，蓋緊蓋子後備用（罐子在煮
　　　　　果醬前先以沸水消毒並瀝乾備用）。
　　　　5 白甜桃及蘋果去皮去核，切片放入果汁機中打碎
　　　　　後（蘋果及白甜桃可保留些小丁狀熬煮時一起放
　　　　　入鍋中）。放入鋼盆中與檸檬汁及砂糖混合。
　　　　6 將白甜桃及蘋果果肉及泥一起倒入不鏽鋼鍋中，
　　　　　以中強火煮至沸騰，中間要不停以木匙攪拌以
　　　　　免沾鍋。
　　　　7 沸騰中一邊輕輕攪拌一邊去除掉白色的浮末，
　　　　　直到浮末消失不再出現，整鍋出現光澤感即可
　　　　　熄火。
　　　　8.熄火後趁熱裝瓶至桑葚瓶中，蓋緊蓋子倒扣至
　　　　　涼即完成。

這樣更美味！

蘋果加上白甜桃，熬煮出來的顏色會更為鮮豔明亮，單一蘋果在熬煮後時間過久顏色會變深，加上白甜桃可讓口感及顏色都更為有層次些。

蘋果覆盆子

材料 蘋果 　　80g（砂糖 60g）
　　　　　覆盆子 　50g（砂糖 45g）
　　　　　檸檬 　　1顆榨汁（蘋果及覆盆子各使用一半）

做法 　1 蘋果洗淨去皮去核後切片，放入果汁機中打勻
　　　　備用。
　　　2 蘋果倒入不鏽鋼鍋中加砂糖及檸檬汁，以中強
　　　　火煮至沸騰，當中不停以木匙攪拌並去除掉浮
　　　　末，直到浮末消失不再出現，整鍋出現光澤感
　　　　即可熄火。
　　　3 熄火後趁熱裝瓶，蓋緊蓋子後備用（罐子在煮
　　　　果醬前先以沸水消毒並瀝乾備用）。
　　　4 覆盆子保留香氣不洗，倒入不鏽鋼鍋中，加入
　　　　砂糖及檸檬汁後，以中強火煮至沸騰，中間要
　　　　不停以木匙攪拌以免沾鍋。
　　　5 沸騰中一邊輕輕攪拌一邊去除掉浮末，直到浮
　　　　末消失不再出現，整鍋出現光澤感即可熄火。
　　　6 熄火後趁熱裝瓶至蘋果瓶中，蓋緊蓋子倒扣至
　　　　涼即完成。

這樣更美味！

❶ 莓果類產生膠質的速度都很快，把握火候以及不停攪拌以免沾鍋是作這道果醬的要點。

❷ 蘋果也可保留些許果肉跟果泥一起熱煮，來增加煮好後成品的口感。

葡萄西洋梨

材料 巨峰葡萄　300g（砂糖 210g）
洋梨　　　200g（砂糖 140g）
檸檬　　　1 顆榨汁（葡萄及洋梨各使用一半）

作法 1 葡萄洗淨後去皮，將果肉剝開去籽放入鋼盆中
與砂糖及檸檬汁混合後，放入冰箱至少四小時
備用。
2 將葡萄果皮連同果肉倒入不鏽鋼鍋中，以中強
火煮至沸騰，鍋中出現紫色的汁液後將果皮撈
出，鍋中果肉續煮並不停以木匙攪拌以免沾鍋。
一邊去除掉白色浮末，直到浮末消失不再出現，
整鍋出現光澤感即可熄火。
3 熄火後趁熱裝瓶（葡萄裝瓶時倒入近一半的分
量），蓋緊蓋子後備用（罐子在煮果醬前先以
沸水消毒並瀝乾備用）。
4 將洋梨去皮去核後切片，加入砂糖及檸檬汁混
合均勻放入冰箱備用（洋梨在葡萄熬煮前一晚
先行製作浸漬的工作）。
5 將洋梨果肉倒入不鏽鋼鍋中，以中強火煮至沸
騰，中間要不停以木匙攪拌以免沾鍋。沸騰中
一邊輕輕攪拌一邊去除掉浮末，直到浮末消失
不再出現，整鍋出現光澤感即可熄火。
6 熄火後趁熱裝瓶至葡萄瓶中，蓋緊蓋子倒扣至
涼即完成。

這樣更美味！

❶ 葡萄在清洗時，可先
加入少許麵粉或太白
粉微微拌勻再清洗，
這樣就很容易將葡萄
清洗乾淨了。

❷ 兩種水果食材都用先
行浸漬的方式，作出
來的雙色果醬在分層
渲染上會很強烈。

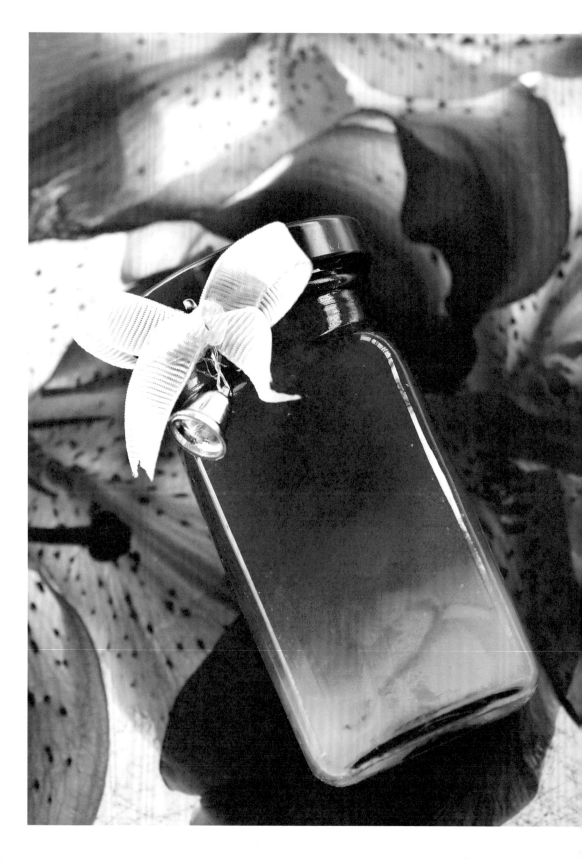

白葡萄蔓越莓

材料 ●
白葡萄　　120g（砂糖 90g）
蔓越莓　　60g（砂糖 45g）
檸檬　　　1 顆榨汁（白葡萄及蔓越莓各使用一半）

作法 ●
1 白葡萄洗淨對切去籽後，放入鋼盆中與檸檬汁
　及砂糖混合。

2 將白葡萄倒入不鏽鋼鍋中，以中強火煮至沸騰，
　中間要不停以木匙攪拌以免沾鍋。

3 沸騰中一邊輕輕攪拌一邊去除掉白色的浮末，
　直到浮末消失不再出現，整鍋出現光澤感即可
　熄火。

4 熄火後趁熱裝瓶（白葡萄裝瓶時倒入近一半的
　分量），蓋緊蓋子後備用（罐子在煮果醬前先
　以沸水消毒並瀝乾備用）。

5 蔓越莓洗淨後加入砂糖及檸檬汁，倒入不鏽鋼
　鍋中，以中強火煮至沸騰，中間要不停以木匙
　攪拌以免沾鍋。

6 沸騰中一邊輕輕攪拌一邊去除掉白色的浮末，
　直到浮末消失不再出現，整鍋出現光澤感即可
　熄火。

7 熄火後趁熱裝瓶至白葡萄瓶中，蓋緊蓋子倒扣
　至涼即完成。

這樣更美味！

此處的白葡萄是進口的產品，去籽後連同皮一起熬煮，連皮熬煮出來的口感，別有另一種風味，但在熬煮中需注意，熬煮過久，白葡萄的顏色會越來越淡，較易影響視覺的效果。

荔枝芒果

材料 　荔枝　　200g（砂糖 140g）
　　　　芒果　　200g（砂糖 140g）
　　　　蘋果泥　5g
　　　　檸檬　　1 顆榨汁（荔枝及芒果各使用一半）

作法　　1 荔枝洗淨後去皮去籽放入果汁機打成泥。
　　　　2 將荔枝加入砂糖及檸檬汁混合後，倒入不鏽鋼
　　　　　鍋中，以中強火煮至沸騰，中間要不停以木匙
　　　　　攪拌以免沾鍋。
　　　　3 沸騰中一邊輕輕攪拌一邊去除掉白色的浮末，
　　　　　直到浮末消失不再出現，整鍋出現光澤感即可
　　　　　熄火。
　　　　4 熄火後趁熱裝瓶（裝瓶時倒入近 2/3 的分量），
　　　　　蓋緊蓋子後備用（罐子在煮果醬前先以沸水消
　　　　　毒並瀝乾備用）。
　　　　5 芒果洗淨後去皮切成片狀放入果汁機微打，留
　　　　　下些許果肉切丁或切塊熬煮時一起加入。
　　　　6 將芒果泥、蘋果泥及芒果果肉倒入不鏽鋼鍋中，
　　　　　以中強火煮至沸騰，中間要不停以木匙攪拌以
　　　　　免沾鍋。
　　　　7 沸騰中一邊輕輕攪拌一邊去除掉黃色的浮末，
　　　　　直到浮末消失不再出現，整鍋出現光澤感即可
　　　　　熄火。
　　　　8 熄火後趁熱裝至荔枝瓶中，蓋緊蓋子倒扣至涼
　　　　　即完成。

這樣更美味！

❶ 荔枝的籽去完後，
如果要讓果肉的顏色
作出來更白些，內膜
褐色的部分也一起除
去，作出來的顏色會
更好看。

❷ 芒果果醬加入蘋果
泥，作出的果醬凝稠
感會更強。

哈密瓜鳳梨

材料 ●
哈密瓜　　200g（砂糖 140g）
鳳梨　　　200g（砂糖 140g）
檸檬　　　1顆榨汁（哈密瓜及鳳梨各使用一半）

作法 ●
1 鳳梨洗淨後去皮去心切成小丁狀。

2 將鳳梨放入鋼盆，加入砂糖及檸檬汁混合後，放入冰箱靜置一晚。

3 將鳳梨倒入不鏽鋼鍋中，以中強火煮至沸騰，中間要不停以木匙攪拌以免沾鍋。

4 沸騰中一邊輕輕攪拌一邊去除掉白色的浮末，直到浮末消失不再出現，整鍋出現光澤感即可熄火。

5 熄火後趁熱裝瓶（裝瓶時倒入近 1/2 的分量），蓋緊蓋子後備用（罐子在煮果醬前先以沸水消毒並瀝乾備用）。

6 哈密瓜洗淨後去皮去籽切成小丁狀。

7 將哈密瓜放入鋼盆中，加入砂糖及檸檬汁混合均勻放入冰箱靜置一晚（此醃漬動作在前一晚先行完成）。

8 將哈密瓜倒入不鏽鋼鍋中，以中強火煮至沸騰，中間要不停以木匙攪拌以免沾鍋。

9 沸騰中邊輕輕攪拌邊去除掉白色的浮末，直到浮末消失不再出現，整鍋出現光澤感即可熄火。

10 熄火後趁熱裝入鳳梨瓶中，蓋緊蓋子倒扣至涼即完成。

097

這樣更美味！

❶ 鳳梨心如不想丟棄，可放在果汁機打成泥後，與果肉一起放在鋼盆中混合一晚，入鍋一起熬煮。

❷ 如下層為丁狀的果醬，上層的哈密瓜也可改為凝狀的煮法，製造兩種不同的作法層次來增加視覺豐富性。只要將哈密瓜改為果汁機打成泥狀，加少許蘋果泥一起熬煮即可。

桑葚香蕉蘋果

材料 ● 桑葚　200g（砂糖 160g）
　　　蘋果　100g（砂糖 70g）
　　　香蕉　1 根
　　　檸檬　1 顆榨汁（桑葚及蘋果各使用一半）

作法 ● 1 桑葚洗淨去除蒂頭，加入香蕉一起放入果汁機
　　　　略打備用。

　　　2 打完的桑葚香蕉放入鍋盆加入砂糖及檸檬汁混
　　　　合。

　　　3 將桑葚倒入不鏽鋼鍋中，以中強火煮至沸騰，
　　　　將果肉輕壓出汁並將果肉壓扁成泥狀，當中不
　　　　停以木匙攪拌以免沾鍋。一邊去除掉白色浮末，
　　　　直到浮末消失不再出現，整鍋出現光澤感即可
　　　　熄火。

　　　4 熄火後趁熱裝瓶（裝瓶時倒入近 2/3 的分量），
　　　　蓋緊蓋子後備用（罐子在煮果醬前先以沸水消
　　　　毒並瀝乾備用）。

　　　5 蘋果去皮去核，切片放入果汁機中打碎後（蘋
　　　　果可保留些小丁狀熬煮時一起放入鍋中）。放
　　　　入鍋盆中與檸檬汁及砂糖混合。

　　　6 將蘋果泥及果肉一起倒入不鏽鋼鍋中，以中強
　　　　火煮至沸騰，中間要不停以木匙攪拌以免沾鍋。

　　　7 沸騰中一邊輕輕攪拌一邊去除掉白色的浮末，
　　　　直到浮末消失不再出現，整鍋出現光澤感即可
　　　　熄火。

　　　8 熄火後趁熱裝瓶至桑葚瓶中，蓋緊蓋子倒扣至
　　　　涼即完成。

這樣更美味！

❶ 桑葚是一個在室溫不容易保存的水果，有點濕氣就會容易發霉，建議買回後立即清洗熬煮。如不立刻使用，建議第一時間沖洗去蒂，放入冷凍庫保存，要熬煮前再拿出即可。

❷ 桑葚也可用浸漬的方式，加入砂糖與檸檬汁後，放入冷藏至少 4 小時即可取出熬煮。

哈密瓜香瓜

材料
哈密瓜　　300g（砂糖 210g）
香瓜　　　200g（砂糖 140g）
檸檬　　　1 顆榨汁（哈密瓜及香瓜各使用一半）

作法

1 哈密瓜洗淨後去皮去籽切成小丁狀。

2 將哈密瓜放入鋼盆，加入砂糖及檸檬汁混合後，放入冰箱靜置一晚。

3 將哈密瓜倒入不鏽鋼鍋中，以中強火煮至沸騰，中間要不停以木匙攪拌以免沾鍋。

4 沸騰中一邊輕輕攪拌一邊去除掉白色的浮末，直到浮末消失不再出現，整鍋出現光澤感即可熄火。

5 熄火後趁熱裝瓶（裝瓶時倒入近 2/3 的分量），蓋緊蓋子後備用（罐子在煮果醬前先以沸水消毒並瀝乾備用）。

6 香瓜洗淨後去皮去籽切成小片狀。

7 將香瓜放入鋼盆中，加入砂糖及檸檬汁混合均勻於前一晚醃漬後，放入冰箱靜置一晚。

8 將香瓜倒入不鏽鋼鍋中，以中強火煮至沸騰，中間要不停以木匙攪拌以免沾鍋。

9 沸騰中一邊輕輕攪拌一邊去除掉白色的浮末，直到浮末消失不再出現，整鍋出現光澤感即可熄火。

10 熄火後趁熱裝瓶哈密瓜瓶中，蓋緊蓋子倒扣至涼即完成。

這樣更美味！

❶ 哈密瓜及香瓜都是帶有籽的水果食材，前置作業的準備時，籽一定要挖乾淨，以免影響熱煮時的麻煩以及作好成品後的美觀。

❷ 香瓜熬煮的時間越久，顏色會越透明，利用前置醃漬一晚的方式，將水果本身的水分逼出，可以節省熬煮的時間，以及減少顏色失真的狀況。

藍莓覆盆子木瓜

材料 ● 藍莓　　　　100g（砂糖 70g）

覆盆子　　　180g（砂糖 120g）

木瓜　　　　20g

檸檬　　　　1 顆榨汁（藍莓及覆盆子各使用一半）

做法 ● 1 藍莓洗淨後放入鋼盆中，加入砂糖及檸檬汁混
合均勻放入冰箱靜置一晚。

2 將藍莓倒入不鏽鋼鍋中，以中強火煮至沸騰，
中間要不停以木匙攪拌以免沾鍋。

3 沸騰中一邊輕輕攪拌一邊去除掉浮末，直到浮
末消失不再出現，整鍋出現光澤感即可熄火。

4 熄火後趁熱裝瓶（裝瓶時倒入近一半的分量），
蓋緊蓋子後備用（罐子在煮果醬前先以沸水消
毒並瀝乾備用）。

5 覆盆子保留香氣不洗，木瓜放入果汁機打成泥
後，與覆盆子一起倒入不鏽鋼鍋中，加入砂糖
及檸檬汁後，以中強火煮至沸騰，中間要不停
以木匙攪拌以免沾鍋。

6 沸騰中一邊輕輕攪拌一邊去除掉浮末，直到浮
末消失不再出現，整鍋出現光澤感即可熄火。

7 熄火後趁熱裝至藍莓瓶中，蓋緊蓋子倒扣至涼
即完成。

這樣更
美味！

藍莓及覆盆子都是屬於
水果膠質多的熬煮食
材，如要讓中間分層渲
染效果強烈，建議下層
的熬煮不要過度，這樣
兩種顏色結合時的分
層，就會有好看的渲染
效果了。

哈密瓜火龍果

材料 　哈密瓜　　200g（砂糖 140g）
　　　　　　火龍果　　180g（砂糖 120g）
　　　　　　蘋果泥　　15g
　　　　　　檸檬　　　1 顆榨汁（哈密瓜及火龍果各使用一半）

作法 ●　1 哈密瓜洗淨後去皮去籽切成小丁狀。
　　　　2 將哈密瓜放入鍋盆，加入砂糖及檸檬汁混合後，
　　　　　放入冰箱靜置一晚。
　　　　3 將哈密瓜倒入不鏽鋼鍋中，以中強火煮至沸騰，
　　　　　中間要不停以木匙攪拌以免沾鍋。
　　　　4 沸騰中一邊輕輕攪拌一邊去除掉黃色的浮末，
　　　　　直到浮末消失不再出現，整鍋出現光澤感即可
　　　　　熄火。
　　　　5 熄火後趁熱裝瓶（裝瓶時倒入近 2/3 的分量），
　　　　　蓋緊蓋子後備用（罐子在煮果醬前先以沸水消
　　　　　毒並瀝乾備用）。
　　　　6 火龍果洗去皮切成小片狀後，加入檸檬汁，放
　　　　　入果汁機打勻。
　　　　7 將火龍果倒入不鏽鋼鍋中，加入砂糖及蘋果泥
　　　　　以中強火煮至沸騰，中間要不停以木匙攪拌以
　　　　　免沾鍋。
　　　　8 沸騰中一邊輕輕攪拌一邊去除掉紅色的浮末，
　　　　　直到浮末消失不再出現，整鍋出現光澤感即可
　　　　　熄火。
　　　　9 熄火後趁熱裝入哈密瓜瓶中，蓋緊蓋子倒扣至
　　　　　涼即完成。

這樣更
美味！

如要讓視覺更為搶眼，
可將火龍果改為白色果
肉的火龍果，作出的效
果會更為對比強烈。

甜菜根酪梨

材料 　甜菜根　　120g（砂糖90g）

　　　　　蘋果泥　　25g

　　　　　酪梨　　　100g（砂糖70g）

　　　　　檸檬　　　1顆榨汁（甜菜根及酪梨各使用一半）

這樣更
美味！

做法　1 甜菜根去皮切片後，加入砂糖及檸檬汁，放入
　　　　果汁機加水打勻備用。

　　　2 將甜菜根倒入不鏽鋼鍋中，加入蘋果泥，以中
　　　　強火煮至沸騰，並不停以木匙攪拌，一邊去除
　　　　掉浮末，直到浮末消失不再出現，整鍋出現光
　　　　澤感即可熄火。

　　　3 熄火後趁熱裝瓶（裝瓶時倒入近一半的分量），
　　　　蓋緊蓋子後備用（罐子在煮果醬前先以沸水消
　　　　毒並瀝乾備用）。

　　　4 將酪梨切半去核後挖出，放入果汁機加水、砂
　　　　糖及檸檬汁混合打勻備用。

　　　5 將酪梨倒入不鏽鋼鍋中，以中強火煮至沸騰，
　　　　中間要不停以木匙攪拌以免沾鍋。沸騰中一邊
　　　　輕輕攪拌一邊去除掉浮末，直到浮末消失不再
　　　　出現，整鍋出現光澤感即可熄火。

　　　6 熄火後趁熱裝至甜菜根瓶中，蓋緊蓋子倒扣至
　　　　涼即完成。

❶ 甜菜根及酪梨作出的
顏色效果非常鮮艷，
混合的分層也很有質
感，甜菜根本身不具
水果膠質，因此在熬
煮的過程中，一定要
加蘋果泥一起去熬煮
來增加它的凝稠感，
煮出的果醬才不至於
變得太過於流質狀而
影響口感。

❷ 酪梨果醬在熬煮時一
樣可以加入少許蘋果
泥一起熬煮，味道會
更為豐富有層次。

藍莓草莓

材料 ● 藍莓 　200g（砂糖 140g）
　　　　 草莓 　200g（砂糖 140g）
　　　　 檸檬 　1 顆榨汁（藍莓及草莓各使用一半）

作法 ● 1 藍莓洗淨後，放入鋼盆中與檸檬汁及砂糖混合。
　　　　 2 將藍莓倒入不鏽鋼鍋中，以中強火煮至沸騰，
　　　　　 中間要不停以木匙攪拌以免沾鍋。
　　　　 3 沸騰中一邊輕輕攪拌一邊去除掉白色的浮末，
　　　　　 直到浮末消失不再出現，整鍋出現光澤感即可
　　　　　 熄火。
　　　　 4 熄火後趁熱裝瓶（藍莓裝瓶時倒入近一半的分
　　　　　 量），蓋緊蓋子後備用（罐子在煮果醬前先以
　　　　　 沸水消毒並瀝乾備用）。
　　　　 5 草莓洗淨後去蒂備用。
　　　　 6 將草莓微微捏碎放入鋼盆，加入砂糖及檸檬汁
　　　　　 混合。
　　　　 7 將草莓倒入不鏽鋼鍋中，以中強火煮至沸騰後
　　　　　 改小火，中間要不停以木匙攪拌以免沾鍋。
　　　　 8 沸騰中一邊輕輕攪拌一邊去除掉白色的浮末，
　　　　　 直到浮末消失不再出現，整鍋出現光澤感即可
　　　　　 熄火。
　　　　 9 熄火後趁熱裝瓶至藍莓瓶中，蓋緊蓋子倒扣至
　　　　　 涼即完成（罐子在煮果醬前先以沸水消毒並瀝
　　　　　 乾備用）。

這樣更
美味！

❶ 草莓清洗時要盡量的
小心，不要太過用力
也不要泡水過久，以
免傷了水果本身的完
整度。

❷ 草莓膠質很高，熬煮
時要特別注意火候的
控制，以免焦鍋。

西瓜甜橙

材料 ●
西瓜　　100g（砂糖 70g）
甜橙　　180g（砂糖 120g）
檸檬　　1 顆榨汁（西瓜及甜橙各使用一半）

做法 ●
1 西瓜洗淨後去皮取出果肉切成小丁狀備用。
2 鋼盆中加入砂糖及檸檬汁與西瓜丁混合均勻。
3 將西瓜倒入不鏽鋼鍋中，以中強火煮至沸騰，
　中間要不停以木匙攪拌以免沾鍋。
4 沸騰中一邊輕輕攪拌一邊去除浮末，直到浮末
　消失不再出現，整鍋出現光澤感即可熄火。
5 熄火後趁熱裝瓶（裝瓶時倒入近 1/3 的分量），
　蓋緊蓋子後備用（罐子在煮果醬前先以沸水消
　毒並瀝乾備用）。
6 甜橙洗淨去皮及果皮內白膜，將果肉切成小丁狀。
7 將甜橙果肉放入鋼盆中加入砂糖及檸檬汁混和
　均勻，放入冰箱靜置一晚。
8 將甜橙倒入不鏽鋼鍋中，以中強火煮至沸騰，
　中間要不停以木匙攪拌並去除掉浮末，直到浮
　末消失不再出現，整鍋出現光澤感即可熄火。
9 熄火後趁熱裝瓶至西瓜瓶中，蓋緊蓋子倒扣至
　涼即完成。

這樣更
美味！

❶ 西瓜的熬煮時間不宜
過久，否則會容易變
成透明狀而影響口感
及成品美觀。

❷ 在糖的比例上，西
瓜本身具備的糖分偏
高，因此在用糖的分
量上不宜過多，以免
口感過膩。

覆盆子甜桃鳳梨

材料 ● 覆盆子　　90g（砂糖 50g）
　　　白甜桃　　60g
　　　鳳梨　　　40g（砂糖 60g）
　　　檸檬　　　1顆榨汁（覆盆子及白甜桃、鳳梨各使用一半）

做法 ● 1 覆盆子保留香氣不洗，倒入不鏽鋼鍋中，加入
　　　 少許水，砂糖及檸檬汁後，以中強火煮至沸騰，
　　　 中間要不停以木匙攪拌以免沾鍋。
　　　2 沸騰中一邊輕輕攪拌一邊去除掉浮末，直到浮
　　　 末消失不再出現，整鍋出現光澤感即可熄火。
　　　3 熄火後趁熱裝瓶，蓋緊蓋子後備用（罐子在煮
　　　 果醬前先以沸水消毒並瀝乾備用）。
　　　4 白甜桃及鳳梨去皮去核，切片放入果汁機中打
　　　 碎後（鳳梨可保留些小丁狀熬煮時一起放入鍋
　　　 中）。放入鍋盆中與檸檬汁及砂糖混合。
　　　5 將白甜桃及蘋果果肉一起倒入不鏽鋼鍋中，以
　　　 中強火煮至沸騰，中間要不停以木匙攪拌以免
　　　 沾鍋。沸騰中一邊輕輕攪拌一邊去除掉浮末，
　　　 直到浮末消失不再出現，整鍋出現光澤感即可
　　　 熄火。
　　　6 熄火後趁熱裝至覆盆子瓶中，蓋緊蓋子倒扣至
　　　 涼即完成。

這樣更
美味！

這款果醬在調製的比例
上，白甜桃及鳳梨的比
例，白甜桃一定要比鳳
梨多，熬煮出來的顏色
就會比較明亮一些。

葡萄柚甜橙

材料 ● 葡萄柚　　200g（砂糖 140g）
　　　　甜橙　　　200g（砂糖 140g）
　　　　檸檬　　　1 顆榨汁（葡萄柚及甜橙各使用一半）

做法 ● 1 葡萄柚洗淨去皮去除果肉白膜後切片，放入鋼
　　　　　盆加入砂糖及檸檬汁拌勻後放入冰箱靜置一晚。
　　　　2 葡萄柚倒入不鏽鋼鍋中，以中強火煮至沸騰，
　　　　　當中不停以木匙攪拌並去除掉浮末，直到浮末
　　　　　消失不再出現，整鍋出現光澤感即可熄火。
　　　　3 熄火後趁熱裝瓶（裝瓶時倒入近 1/2 的分量），
　　　　　蓋緊蓋子後備用（罐子在煮果醬前先以沸水消
　　　　　毒並瀝乾備用）。
　　　　4 甜橙洗淨去皮去除果肉白膜後切片，放入鋼盆
　　　　　加入砂糖及檸檬汁拌勻後放入冰箱靜置一晚。
　　　　5 甜橙倒入不鏽鋼鍋中，以中強火煮至沸騰，沸
　　　　　騰中一邊輕輕攪拌一邊去除掉浮末，直到浮末
　　　　　消失不再出現，整鍋出現光澤感即可熄火。
　　　　6 熄火後趁熱裝瓶至葡萄柚瓶中，蓋緊蓋子倒扣
　　　　　至涼即完成。

這樣更美味！

這款果醬的顏色鮮艷，口感酸甜，甜橙也可加少許白蘭地酒熬煮，煮出後會有另一股酒香氣。

火龍果香蕉芒果

材料
火龍果	120g（砂糖 90g）
香蕉	1 根
芒果	120g（砂糖 70g）
檸檬	1 顆榨汁（火龍果及香蕉、芒果各使用一半）

做法

1 火龍果及香蕉去皮切片後，加入砂糖及檸檬汁，放入果汁機加水打勻備用。

2 將香蕉火龍果倒入不鏽鋼鍋中，中強火煮至沸騰，並以木匙攪拌，一邊去除掉浮末，直到浮末消失不再出現，整鍋出現光澤感即可熄火。

3 熄火後趁熱裝瓶（裝瓶時倒入近一半的分量），蓋緊蓋子後備用（罐子在煮果醬前先以沸水消毒並瀝乾備用）。

4 將芒果去皮去核後切片，放入鋼盆加入砂糖及檸檬汁混合均勻備用。

5 將鋼盆中的芒果放入果汁機中加入少許水打勻。

6 將芒果泥倒入不鏽鋼鍋中，以中強火煮至沸騰，中間要不停以木匙攪拌以免沾鍋。沸騰中一邊輕輕攪拌一邊去除掉浮末，直到浮末消失不再出現，整鍋出現光澤感即可熄火。

7 熄火後趁熱裝瓶至火龍果香蕉瓶中，蓋緊蓋子倒扣至涼即完成。

這樣更
美味！

❶ 火龍果可加少許蘋果泥讓它更凝稠。

❷ 香蕉及芒果的糖分較高，因此糖的使用上可以減量，以免過甜而感到膩口。

❸ 如要讓上下分層強烈些，也可讓下層火龍果凝固時間延長些，再加入上層的香蕉芒果醬即可。

藍莓紅葡萄

材料 ● 藍莓　　　70g（砂糖 70g）
　　　　 紅葡萄　　130g（砂糖 90g）
　　　　 檸檬　　　1 顆榨汁（藍莓及紅葡萄各使用一半）

做法 ● 1 藍莓洗淨後，放入鋼盆中與檸檬汁及砂糖混合。
　　　　 2 將藍莓倒入不鏽鋼鍋中，以中強火煮至沸騰，
　　　　　　中間要不停以木匙攪拌以免沾鍋。
　　　　 3 沸騰中一邊輕輕攪拌一邊去除掉白色的浮末，
　　　　　　直到浮末消失不再出現，整鍋出現光澤感即可
　　　　　　熄火。
　　　　 4 熄火後趁熱裝瓶（藍莓裝瓶時倒入近一半的分
　　　　　　量），蓋緊蓋子後備用（罐子在煮果醬前先以
　　　　　　沸水消毒並瀝乾備用）。
　　　　 5 紅葡萄洗淨後去籽去皮，加入砂糖及檸檬汁後，
　　　　　　倒入不鏽鋼鍋中，以中強火煮至沸騰，中間要
　　　　　　不停以木匙攪拌以免沾鍋。
　　　　 6 沸騰中一邊輕輕攪拌一邊去除掉白色的浮末，
　　　　　　直到浮末消失不再出現，紅葡萄軟化呈半透明
　　　　　　狀，整鍋出現光澤感即可熄火。
　　　　 7 熄火後趁熱裝至藍莓瓶中，蓋緊蓋子倒扣至涼
　　　　　　即完成。

這樣更美味！

藍莓膠質較多，與紅葡萄搭配熬煮，可將兩種處理方式改為藍莓直接熬煮，紅葡萄改為前一晚浸漬，這樣熬煮出來的雙色果醬就會有兩種不同的視覺工法。

紅白櫻桃

材料 　紅櫻桃　　100g（砂糖 70g）
　　　　　　白櫻桃　　100g（砂糖 70g）
　　　　　　檸檬　　　1 顆榨汁（紅白櫻桃各使用一半）

做法　1 紅白櫻桃洗淨後對切去籽切成小丁狀。
　　　2 將紅白櫻桃各自放在不同鋼盆中，加入砂糖及
　　　　檸檬汁混合後，放入冰箱靜置一晚。
　　　3 將紅櫻桃丁倒入不鏽鋼鍋中，以中強火煮至沸
　　　　騰，中間要不停以木匙攪拌以免沾鍋。
　　　4 沸騰中一邊輕輕攪拌一邊去除掉粉紅色的浮末，
　　　　直到浮末消失不再出現，整鍋出現光澤感即可
　　　　熄火。
　　　5 熄火後趁熱裝瓶（裝瓶時倒入 2/3 的分量），
　　　　蓋緊蓋子後備用（罐子在煮果醬前先以沸水消
　　　　毒並瀝乾備用）。
　　　6 將白櫻桃丁倒入不鏽鋼鍋中，以中強火煮至沸
　　　　騰，中間要不停以木匙攪拌以免沾鍋。
　　　7 沸騰中一邊輕輕攪拌一邊去除掉黃白色的浮末，
　　　　直到浮末消失，整鍋出現光澤感即可熄火。
　　　8 熄火後趁熱裝至紅櫻桃瓶中，蓋緊蓋子倒扣至
　　　　涼即完成。

這樣更美味！

可保留少許櫻桃丁，其他的櫻桃去籽後，用果汁機略打醃漬後再行熬煮。

鳳梨木瓜

材料 ●
鳳梨　200g（砂糖 140g）
木瓜　100g（砂糖 80g）
檸檬　1 顆榨汁（鳳梨與木瓜各使用一半）

作法 ●
1 鳳梨洗淨後去皮去心切成小片狀。
2 將鳳梨放入鋼盆，加入砂糖及檸檬汁混合後，
　放入冰箱靜置一晚。
3 將鳳梨倒入不鏽鋼鍋中，以中強火煮至沸騰，
　中間要不停以木匙攪拌以免沾鍋。
4 沸騰中一邊輕輕攪拌一邊去除掉白色的浮末，
　直到浮末消失不再出現，整鍋出現光澤感即可
　熄火。
5 熄火後趁熱裝瓶（裝瓶時倒入近 1/2 的分量），
　蓋緊蓋子後備用（罐子在煮果醬前先以沸水消
　毒並瀝乾備用）。
6 木瓜洗淨後去皮去籽用果汁機打成泥狀。
7 將木瓜放入鋼盆中，加入砂糖及檸檬汁混合均
　勻。
8 將木瓜倒入不鏽鋼鍋中，以中強火煮至沸騰，
　中間要不停以木匙攪拌以免沾鍋。
9 沸騰中一邊輕輕攪拌一邊去除掉黃色的浮末，
　直到浮末消失不再出現，整鍋出現光澤感即可
　熄火。
10 熄火後趁熱裝至鳳梨瓶中，蓋緊蓋子倒扣至涼
　　即完成。

這樣更
美味！

木瓜可加少許蘋果泥下
去一起熱煮，煮出的
果醬會更有豐富的層次
感。

火龍果蘋果

材料 　火龍果　　200g（砂糖 140g）
　　　　　　蘋果　　　200g（砂糖 140g）
　　　　　　檸檬　　　1 顆榨汁（火龍果及蘋果各使用一半）

做法 ●　1 火龍果去皮切片後，加入砂糖及檸檬汁，放入
　　　　　果汁機加水打勻備用。
　　　　2 將火龍果倒入不鏽鋼鍋中，以中強火煮至沸騰，
　　　　　並不停以木匙攪拌，一邊去除掉浮末，直到浮
　　　　　末消失不再出現，整鍋出現光澤感即可熄火。
　　　　3 熄火後趁熱裝瓶（裝瓶時倒入近一半的分量），
　　　　　蓋緊蓋子後備用（罐子在煮果醬前先以沸水消
　　　　　毒並瀝乾備用）。
　　　　4 將蘋果去皮去核後切丁，加入砂糖及檸檬汁混
　　　　　合均勻備用。
　　　　5 將蘋果果肉倒入不鏽鋼鍋中，以中強火煮至沸
　　　　　騰，中間要不停以木匙攪拌以免沾鍋。沸騰中
　　　　　一邊輕輕攪拌一邊去除掉浮末，直到浮末消失
　　　　　不再出現，整鍋出現光澤感即可熄火。
　　　　6 熄火後趁熱裝至火龍果瓶中，蓋緊蓋子倒扣至
　　　　　涼即完成。

這樣更美味！

❶ 火龍果及香蕉可加
　少許蘋果泥讓它更凝
　稠。

❷ 蘋果也可加少許有機
　玫瑰花瓣熬煮，除了
　色彩更豐富外，另有
　一股香氣襲人。

火龍果香蕉鳳梨

材料 　火龍果　　120g（砂糖 90g）
　　　　　香蕉　　　1 根
　　　　　鳳梨　　　100g（砂糖 90g）
　　　　　檸檬　　　1 顆榨汁（火龍果及香蕉、鳳梨各使用一半）

做法
1 火龍果及香蕉去皮切片後，加入砂糖及檸檬汁，
　 放入果汁機加水打勻備用。

2 將火龍果香蕉倒入不鏽鋼鍋中，以中強火煮至
　 沸騰，並不停以木匙攪拌，一邊去除掉浮末，
　 直到浮末消失不再出現，整鍋出現光澤感即可
　 熄火。

3 熄火後趁熱裝瓶（裝瓶時倒入近一半的分量），
　 蓋緊蓋子後備用（罐子在煮果醬前先以沸水消
　 毒並瀝乾備用）。

4 將鳳梨去皮去心後切片，加入砂糖及檸檬汁混
　 合均勻備用。

5 將鳳梨果肉一起倒入不鏽鋼鍋中，以中強火煮
　 至沸騰，中間要不停以木匙攪拌以免沾鍋。沸
　 騰中一邊輕輕攪拌一邊去除掉浮末，直到浮末
　 消失不再出現，整鍋出現光澤感即可熄火。

6 熄火後趁熱裝至火龍果香蕉瓶中，蓋緊蓋子倒
　 扣至涼即完成。

這樣更美味！

❶ 火龍果及香蕉可加
　 少許蘋果泥讓它更凝
　 稠。

❷ 鳳梨也可用醃漬的方
　 式再行熬煮，時間至
　 少 4 小時，這樣與打
　 勻後的火龍果香蕉分
　 層後，會有另一種不
　 同的效果。

黃肉李覆盆子黃檸檬

材料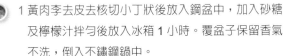

黃肉李	200g（砂糖 140g）
覆盆子	80g
黃檸檬	2 顆
砂糖	250g

作法

1 黃肉李去皮去核切小丁狀後放入鋼盆中，加入砂糖及檸檬汁拌勻後放入冰箱 1 小時。覆盆子保留香氣不洗，倒入不鏽鋼鍋中。

2 將黃肉李從冰箱取出後，倒入覆盆子鍋中一起拌勻以中強火煮至沸騰，中間要不停以木匙攪拌以免沾鍋。沸騰中一邊輕輕攪拌一邊去除掉浮末，直到浮末消失不再出現，整鍋出現光澤感即可熄火。

3 熄火後趁熱裝瓶（裝瓶時倒入近 1/2 的分量），蓋緊蓋子後備用（罐子在煮果醬前先以沸水消毒並瀝乾備用）。

4 將每顆黃檸檬切成 4 等份，皮與果肉分開。果肉全部壓成汁後，果汁放入鋼盆，果肉放入紗布袋。

5 將黃檸檬皮放入煮開的沸水鍋中，直煮到皮沒有苦味並且成為半透明狀為止。煮好的黃檸檬皮切成細條狀，放入鋼盆中，加入砂糖與果汁拌勻後，放入冰箱靜置兩小時。

6 將靜置過後的黃檸檬倒入不鏽鋼鍋中，並加入之前的果肉紗布袋，以中小火煮至沸騰，中間要不停以木匙攪拌以免沾鍋。沸騰中一邊輕輕攪拌一邊去除掉黃色的浮末，直到浮末消失不再出現，整鍋出現光澤感即可熄火。

7 熄火後取出紗布袋，趁熱裝至黃肉李覆盆子瓶中，並蓋緊蓋子立即倒罐，靜置待涼即完成（罐子在煮果醬前先以沸水消毒並瀝乾備用）。

這樣更美味！

❶ 前置作業將黃檸檬果皮煮到皮沒有苦味這個步驟很重要，苦味如果沒盡量煮到消失，之後作出的成品香氣就會受影響，口感也會大打折扣。

❷ 果皮熬煮至透明狀時，就是接近完成的階段。

❸ 黃檸檬的熬煮工作時間較費時，可於黃肉李覆盆子熬煮前先行完成 90%，之後作最後完成的部分，這樣跟下層果醬結合的時間就能完美搭配上。

覆盆子蘋果百香果

材料 ●
覆盆子　　100g（砂糖 80g）
蘋果　　　80g（砂糖 60g）
百香果　　100g（砂糖 100g）
檸檬　　　1顆榨汁（覆盆子及蘋果、百香果各平均使用）

作法 ●
1 覆盆子保留香氣不洗，蘋果洗淨去皮去核切丁後，與覆盆子一起放入果汁機略打，加入砂糖及檸檬汁後，以中強火煮至沸騰，中間要不停以木匙攪拌以免沾鍋。

2 百香果對切挖出果肉及果汁備用。

3 將打好的覆盆子蘋果倒入不鏽鋼鍋中，以中強火煮至沸騰，並不停以木匙攪拌，一邊去除掉浮末，直到浮末消失不再出現，整鍋出現光澤感即可熄火。

4 熄火後趁熱裝瓶（裝瓶時倒入 2/3 的分量），蓋緊蓋子後備用（罐子在煮果醬前先以沸水消毒並瀝乾備用）。

5 將百香果倒入不鏽鋼鍋中，以中強火煮至沸騰，中間要不停以木匙攪拌以免沾鍋。沸騰中一邊輕輕攪拌一邊去除掉浮末，直到浮末消失不再出現，整鍋出現光澤感即可熄火。

6 熄火後趁熱裝至覆盆子蘋果瓶中，蓋緊蓋子倒扣至涼即完成。

這樣更美味！

這款果醬製作時，前置作業要先準備好。覆盆子加入蘋果一起熬煮，煮出的效果更為凝稠，之後快速準備百香果的熬煮，趁下層覆盆子尚未凝乾前，倒入百香果果醬，百香果的籽在倒扣時就會有在瓶身內流竄的效果。

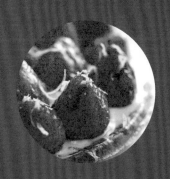

第四篇

小小果醬
讓你變成
創意大廚

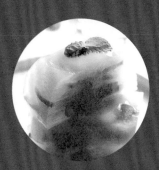

蝦、鮭魚果醬握壽司

材料 ●
草蝦	4 尾
新鮮生鮭魚片	1 盒
甜橙果醬	4 茶匙
壽司飯	1 碗

做法 ●

1 將蝦頭、蝦殼剝除乾淨後，用刀從蝦腹部剖開，
但不要切斷。

2 鍋中煮沸水，將蝦放入川燙約 20 秒後取出瀝乾
備用。

3 鮭魚片取出以片刀方式切成片狀備用。

4 將米煮熟後，加入 2 大匙壽司醋拌勻備用。

5 用手抓一團壽司飯，捏成小橢圓長方形後，蓋
上適量甜橙果醬，蓋上蝦肉及鮭魚肉片輕壓即
完成。

這樣更美味！

❶ 要捏飯糰之前，手要
抹些水才不會讓手沾
黏飯粒。

❷ 壽司醋大型超市可
買到現成的，如想自
己製作，可用 1 斤白
醋，加上 12 兩砂糖、
適量鹽、3 顆話梅及
1 片檸檬混合攪拌均
勻即可。

果醬氣泡飲

材料
奇異果果醬	2 大匙
氣泡水	1 瓶
薄荷葉	少許
冰塊	適量
檸檬	1 顆壓成汁

做法 ●

1 杯子洗淨瀝乾後倒入奇異果果醬至杯底。

2 將氣泡水倒入杯中。

3 加入冰塊及薄荷葉即完成。

這樣更美味！

❶ 倒入汽泡水時，可將杯子微微傾斜慢慢倒入氣泡水，這樣可以完整保留果醬在杯底，不影響整杯的清澈度。

❷ 加上薄荷葉可讓整杯氣泡飲多一層清新的口感及層次，使用前記得用冷開水清洗乾淨。

香芒椰果凍

材料 　果凍粉　　1 包
　　　　　芒果果醬　2 大匙
　　　　　椰果果肉　20g
　　　　　砂糖　　　少許

做法　1 椰果果肉切小丁狀備用。

　　　2 鍋中煮沸水約 400cc，加入砂糖、果凍粉及芒
　　　　果果醬攪拌至果凍粉溶解關火備用。

　　　3 將椰果肉放入容器杯中，倒入果凍液待冷卻後
　　　　放入冰箱冷藏，約 90 分鐘後凝固即可取出食
　　　　用。

這樣更
美味！

❶ 如要讓食用時不無
　聊，也可保留少許芒
　果果肉放在容器中，
　搭配椰果肉，食用時
　會有更多口感變化。

❷ 如要作雙色或三色果
　凍，可用不同果醬去
　搭配果凍粉，再分批
　次倒入容器中，即成
　多色果醬。

寒天水果千層凍

材料

甜橙	1 顆切片
荔枝	12 顆剝皮去核
檸檬	1 顆切片
小番茄	5 顆
寒天	1 包
原味優格	1 罐
芒果醬	2 大匙

做法

1 將寒天剪成細絲狀後泡在水中，再以小火煮至融化。

2 取一長型蛋糕模或長型耐熱容器，覆蓋一層保鮮膜在容器內，先倒入一層寒天溶液，再整齊的鋪上一層水果，待第一層微微凝結時，再倒一層寒天溶液，再放一層水果（依此類推），直到填滿模型為止。

3 填滿的模型放入冰箱至完全凝結，約 1 小時後取出切成片狀即可。

4 將原味優格及芒果醬拌勻後淋在水果凍上即可食用。

這樣更美味！

❶ 寒天全程以小火煮至融化，並要注意融化的完整性，否則作出的寒天凍透明度會受影響。

❷ 甜橙及檸檬不要切得太細，以免寒天凍切斷面時，作出的剖面會不夠好看。

藍莓&黑李果醬寒天凍沙拉

材料 ● | | |
|---|---|
| 寒天 | 15g |
| 白甜蝦 | 50g |
| 蘿蔓生菜 | 5 片 |
| 紅黃甜椒 | 各 1/4 個 |
| 奇異果 | 1 顆 |
| 市售優格 | 1 盒 |
| 橄欖油 | 1 大匙 |
| 黑李果醬 | 3 大匙 |
| 藍莓果醬 | 2 大匙 |

做法 ●

1 蘿蔓生菜洗淨後剝成段、紅黃甜椒洗淨切成細絲狀，奇異果去皮後切成片狀備用。

2 白甜蝦去腸泥洗淨，煮一鍋沸水將白甜蝦放入燙熟後，取出瀝乾備用。

3 將寒天放入沸水中煮至融化。

4 取一長型蛋糕模或長型耐熱容器，覆蓋一層保鮮膜在容器內，先倒入一層寒天溶液，再整齊的鋪上白甜蝦及奇異果、黑李果醬及果肉，待第一層微微凝結時，再倒一層寒天溶液，再放一層白甜蝦及奇異果、黑李果醬及果肉（依此類推），直到填滿模型為止。

5 填滿的模型放入冰箱至完全凝結，約 1 小時，取出切成片狀備用。

6 將蘿蔓生菜及紅黃甜椒絲組合後，加入橄欖油拌勻，上面鋪上寒天什錦凍。

7 將優格及藍莓果醬拌勻後，淋在沙拉上即可食用。

這樣更美味！

❶ 生菜及水果可依個人喜好及口感變換。

❷ 寒天凍的內容建議一次鋪同一種食材，這樣切開時才能讓食材能各自分層獨立展現。

月亮蝦餅

材料 ● 春卷皮　　300g（約 12 張）
　　　　蝦仁　　　600g
　　　　魚漿　　　300g
　　　　紅蔥頭　　3 粒
　　　　大蒜　　　3 粒

調味料 ● 魚露　　　1/2 大匙、白胡椒粉 1 小匙
　　　　酥脆粉　　麵粉、太白粉、在來米粉各 1 大匙混合

蝦餅沾醬 ● 芒果果醬　3 大匙（芒果果醬作法參照第 39 頁）

做法 ● 1 蝦仁洗淨瀝乾水分，用刀背剁成碎粒狀，紅蔥
　　　　　頭及大蒜切碎備用。
　　　2 蝦仁、大蒜末、紅蔥頭末、魚漿與魚露、白胡
　　　　　椒粉全部拌勻。
　　　3 取一大圓盤，撒上一層薄薄的酥脆粉，放上春
　　　　　卷皮舀入蝦仁餡。
　　　4 用刮刀將蝦仁餡攤平，上面再鋪上一片春卷皮，
　　　　　拿牙籤在春卷皮上戳數個小洞，入平底鍋以中
　　　　　火煎炸至酥脆呈金黃色即完成。

這樣更美味！

❶ 把蝦仁水分吸乾，打出來的蝦泥會較黏稠有彈性。

❷ 拿牙籤在春卷皮上戳數個小洞這動作可讓蝦餅炸好後，表面不至於四凸不平。

草莓果醬佐鮮奶酪

材料 ●
鮮奶油　　1 杯
牛奶　　　1 杯
草莓　　　5 顆
藍莓及蔓越莓裝飾用各少許
吉利丁片　5 片
砂糖　　　70g
防潮糖粉適量

做法 ●
1 吉利丁片放入冰水中泡至軟化。
2 將牛奶及鮮奶油放入不鏽鋼鍋中，加入砂糖及擰乾水分的吉利丁後拌勻至溶化，以小火煮至微微沸騰即關火。
3 趁熱將煮好的鮮奶酪倒入模型中，在室溫中攤涼，放入冰箱冷藏約 2 小時。
4 將 3 顆草莓洗淨去蒂放入平底鍋中，加入少許砂糖以小火煮至溶化備用。
5 奶酪食用前將藍莓、蔓越莓及剩餘的草莓清洗乾淨擺盤，淋上草莓醬，灑上防潮糖粉即可。

> 這樣更
> 美味！

❶ 奶酪可搭配其他不同口味果醬。

❷ 吉利丁的數量如果放不夠，會影響奶酪成型以及固定成型的時間。

卡士達草莓醬鬆餅

材料 ●
無鹽奶油　　　少許
小型草莓　　　10 顆
防潮糖粉　　　適量
A. 鬆餅粉 150g、牛奶半杯、雞蛋 1 顆
B. 卡士達預拌粉 30g、鮮奶油 80g、牛奶一杯

做法 ●
1 將 A 料混合均勻，鍋中加入無鹽奶油，開小火
　後倒入 A 料煎成圓形狀，冒出小氣泡煎另一面。
2 鋼盆中倒入 B 料以電動攪拌器攪拌均勻備用。
3 草莓洗淨切成片狀，留少許作草莓醬。
4 鬆餅煎好以濾網灑上糖粉，舖上卡士達醬再舖
　上草莓片及淋上草莓醬，最上面的鬆餅灑上防
　潮糖粉。
5 組合好的鬆餅，周圍加入草莓裝飾即可。

草莓醬作法：
草莓微捏後放入平底鍋，加 1 茶匙的砂糖以中小
火煮至沸騰。攪拌並去除白色浮末，草莓呈軟化
狀即可熄火備用。

這樣更美味！

❶ 煎鬆餅時，表面浮
出小氣泡即表示已完
成，可把握時間立即
翻面煎另一面。

❷ 草莓醬可預先作好，
食用時淋上即可。

英式司康餅佐鳳梨百香果醬

材料 　司康餅預拌粉　500g
　　　　　全蛋　　　　　2 個
　　　　　鮮奶　　　　　130g
　　　　　葡萄乾　　　　80g

做法 　1 葡萄乾與鮮奶混合 20 分鐘。
　　　2 混合好的葡萄乾與鮮奶加入預拌粉 500g，加入
　　　　全蛋 1 個攪拌均勻即可（放置鬆弛約 10 分鐘）。
　　　3 混合好的麵糰放在烘焙紙上攤開約 3 公分高，
　　　　用直徑約 5 公分的慕斯圈壓出（如會黏手，可
　　　　用少許手粉沾在手上操作）。
　　　4 取另一全蛋，只取蛋黃刷在司康餅表面後送入
　　　　烤箱。
　　　5 烤箱事先預熱以上下火 150℃烤約 15 分鐘即可。

這樣更
美味！

❶ 葡萄乾也可改用萊姆
　酒浸泡，浸泡時間大
　約 1 小時。

❷ 手粉即是麵粉。

草莓塔

材料 ● **塔皮**：奶油 85g、砂糖粉 85g、全蛋 45g、低筋麵粉 175g、高筋麵粉 25g

杏仁餡：奶油 80g、砂糖 80g、烘焙用杏仁粉 80g、全蛋 110g

卡士達餡：卡士達粉 80g、鮮奶 250g、鮮奶油 170g、萊姆酒數滴、
草莓果醬 5 大匙

塔面裝飾：草莓一盒、杏桃果膠適量

作法 ● **＊塔皮部分**：
將奶油放室溫軟化或隔水加熱軟化，依序加入砂糖、全蛋、低筋麵粉、高筋麵粉拌勻成糰並用保鮮膜包住後放入冰箱冷藏約 1 小時備用。

＊杏仁餡部分：
將奶油放室溫軟化，依序加入砂糖、杏仁粉、全蛋拌勻備用。

＊卡士達餡部分：
鮮奶油以電動打蛋器打發後，加入其他材料續打發至濃稠（草莓果醬除外），鋼盆上鋪上保鮮膜放入冰箱備用。

組合 ● 1 將冰好的塔皮取出桿成 0.4 公分厚，放入塔模中塑好成型備用。

2 將打好的杏仁餡平均填入塔皮中，放入烤箱中以上下火 180℃的溫度烤 30 ～ 35 分鐘，取出待完全冷卻備用。

3 將草莓果醬鋪一層在杏仁餡上，接著將卡士達餡用抹刀平均鋪在草莓果醬上，之後裝飾草莓。

4 杏桃果膠以等量熱水溶化拌勻後，用軟刷刷在草莓及水果塔的表面，最後刮上檸檬絲裝飾即完成。

這樣更美味！

塔皮烘焙店有賣現成的，可用現成的製作來節省派皮製作時間。

黃檸檬蛋糕

材料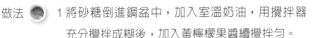

黃檸檬果醬	300g
無鹽奶油	150g
砂糖	100g
蛋	3 顆
低筋麵粉	250g
小蘇打粉	1 茶匙
泡打粉	1/4 茶匙

做法

1 將砂糖倒進鋼盆中，加入室溫奶油，用攪拌器充分攪拌成糊後，加入黃檸檬果醬續攪拌勻。

2 將雞蛋打散後分批加入鋼盆續混合。

3 將所有粉類過篩後，倒入鋼盆輕輕以十字形微微攪拌，至粉類無顆粒感即可。

4 將攪拌好的麵糊倒入模型中，烤箱預熱 175℃。

5 入烤箱 175℃ 烤約 60 分鐘，至竹籤插入不沾黏即完成。

這樣更美味！

❶ 也可將烤好的黃檸檬蛋糕上，再鋪上少許黃檸檬果醬，讓蛋糕的黃檸檬味更加濃郁。

❷ 烤至 30 分時，若覺得顏色太深可用鋁箔紙覆蓋模型上方。

❸ 要讓黃檸檬蛋糕增添濕潤度，可加入少許優格（約80g）一起攪拌，烤出的濕潤度會較強。

果醬優格

材料

藍莓蔓越莓果醬	200g
市售優格	200g
消化餅乾	4 片
新鮮藍莓、覆盆莓	各少許

做法

1 將藍莓蔓越莓雙色果醬放入碗中後，上面倒入優格。

2 消化餅放入塑膠袋中壓碎後，鋪在優格上。

3 完成的成品上加入新鮮藍莓及覆盆莓即可。

這樣更美味！

❶ 所有材料加入的順序可依個人喜好去作調整。

❷ 果醬的口味依個人喜好自行改變。

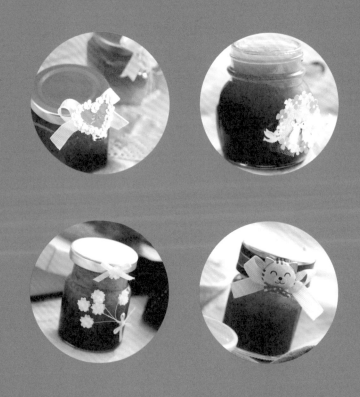

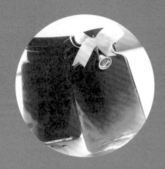

第五篇
讓果醬變成
貼心小禮

情人節芒果奇異果芭樂雙色果醬

材料 ●
芒果	200g	
糖	130g	
芭樂	280g	
奇異果	180g	
糖	180g	
檸檬	1顆榨汁（芒果與奇異果各使用一半）	

做法 ●

1 奇異果去皮去心後，先切片再切成丁狀，加入糖及檸檬汁後，放入鋼盆拌勻備用。

2 芭樂切成四等份並去籽切成小丁狀後，放入果汁機打成泥狀備用。

3 芒果去皮去核後切成丁狀，放入鋼盆加入糖及檸檬汁混合均勻備用。（芒果保留些許果肉放入果汁機加入少許開水打勻備用）

4 將芒果泥及果肉倒入不銹鋼鍋中，以中強火煮至沸騰，中間要不停以木匙攪拌以免沾鍋。沸騰中一邊輕輕攪拌一邊去除掉浮末，直到浮末消失，整鍋出現光澤感即可熄火。

5 熄火後趁熱裝瓶（裝瓶時倒入近 2/3 的分量），蓋緊蓋子後備用（罐子在煮果醬前先以沸水消毒並瀝乾備用）。

6 將奇異果倒入不銹鋼鍋中，以中強火煮至沸騰時加入芭樂泥一起熬煮，中間要不停以木匙攪拌以免沾鍋。沸騰中一邊輕輕攪拌一邊去除掉白色浮末，直到浮末消失不再出現，整鍋呈現光澤黏稠的狀態時即可熄火

7 熄火後趁熱裝瓶至芒果瓶中，蓋緊蓋子倒扣至涼即完成。

這樣更美味！

❶ 奇異果在熱煮時必須將糖煮至糖化後，出現光澤感再加入芭樂泥熬煮。

❷ 芒果糖分較高，使用上可減量，以免過甜。

❸ 如要讓上下分層強烈些，可讓下層芒果凝固時間延長，再加入上層的奇異果即可。

❹ 這款果醬可以吃出上層奇異果與芭樂融合的奇妙口感，也可品嘗到下層芒果的清新單純美味，在味覺上有絕佳的衝突感。

情人節甜桃黃肉李雙莓果醬

材料 ●
黃肉李	200g
白甜桃	160g（糖 200g）
覆盆莓與蔓越莓	共 15g
檸檬	1/2 顆榨汁

作法 ●

1 黃肉李去皮去核後切成片狀，放入鋼盆加入糖及檸檬汁拌勻備用。

2 白甜桃去皮去核後切成小片狀，放入黃肉李的鋼盆內一起拌勻備用。

3 覆盆莓保留香氣不洗，蔓越莓洗淨後備用。

4 將鋼盆裡的果肉倒入不銹鋼鍋中，以中強火煮至沸騰後加入覆盆莓與蔓越莓，期間要不停以木匙攪拌以免沾鍋。沸騰中輕輕攪拌並去除掉浮末，直到浮末消失，整鍋出現光澤感即可熄火。

5 熄火後趁熱裝瓶並蓋緊蓋子倒扣至涼即完成（罐子在煮果醬前先以沸水消毒並瀝乾備用）。

這樣更美味！

❶ 這是一款混搭型的果醬，利用兩三種水果來做混色及口味上的搭配，酸甜中帶有淡淡的覆盆莓香氣。

❷ 覆盆莓及蔓越莓的作用在於整瓶果醬染色用，因此在用量上因人而異，喜歡果醬淡粉色用量就可減少些。

❸ 白甜桃可中和掉黃肉李本身的黃，加上覆盆莓及蔓越莓的比例，顏色上就會有澄黃帶點紅的色彩。

結婚伴手禮櫻桃芒果雙色果醬

材料 ● 　紅櫻桃　　200g（砂糖 140g）
　　　　　芒果　　　200g（砂糖 120g）
　　　　　檸檬　　　1 顆榨汁（櫻桃及芒果各使用一半）

作法 ● 1 紅櫻桃洗淨後去皮、去籽切成小丁狀。
　　　2 將櫻桃放入鋼盆，加入砂糖及檸檬汁混合後，
　　　　放入冰箱靜置一晚。
　　　3 將櫻桃倒入不鏽鋼鍋中，以中強火煮至沸騰，
　　　　中間要不停以木匙攪拌以免沾鍋。
　　　4 沸騰中一邊輕輕攪拌一邊去除掉粉紅色的浮末，
　　　　直到浮末消失不再出現，整鍋出現光澤感即可
　　　　熄火。
　　　5 熄火後趁熱裝瓶（裝瓶時倒入近 2/3 的分量），
　　　　蓋緊蓋子後備用（罐子在煮果醬前先以沸水消
　　　　毒並瀝乾備用）。
　　　6 芒果洗淨後去皮切成片狀放入果汁機微打，留
　　　　下些許果肉。
　　　7 將芒果泥及果肉倒入不鏽鋼鍋中，以中強火煮
　　　　至沸騰，中間要不停以木匙攪拌以免沾鍋。
　　　8 沸騰中一邊輕輕攪拌一邊去除掉黃色的浮末，
　　　　直到浮末消失不再出現，整鍋出現光澤感即可
　　　　熄火。
　　　9 熄火後趁熱裝至櫻桃瓶中，蓋緊蓋子倒扣至涼
　　　　即完成。

這樣更
美味！

❶ 也可將櫻桃籽一起裝
　入紗布袋中，加在不
　鏽鋼鍋中一起跟果肉
　熬煮。

❷ 芒果也可加少許香草
　莢或是桂花等香料去
　熬煮，讓味蕾多一點
　層次來增加食用時的
　樂趣。

聖誕節蔓越莓果醬

材料 ● 蔓越莓　　100g
　　　砂糖　　　80g
　　　檸檬　　　1/2 顆

做法 ● 1 蔓越莓洗淨後瀝乾備用，檸檬榨汁備用。

　　　2 檸檬汁倒入鋼盆，加入砂糖與蔓越莓混合均勻。

　　　3 將蔓越莓倒入不鏽鋼鍋中，以中強火煮至沸騰，
　　　　中間要不停以木匙攪拌以免沾鍋。

　　　4 沸騰中一邊輕輕攪拌一邊去除掉白色的浮末，
　　　　直到浮末消失不再出現，整鍋出現光澤感即可
　　　　熄火。

　　　5 熄火後趁熱裝瓶，蓋緊蓋子後立即倒罐，靜置
　　　　待涼即完成（罐子在煮果醬前先以沸水消毒並
　　　　瀝乾備用）。

這樣更
美味！

❶ 蔓越莓也可與鳳梨或
蘋果一起放入果汁機
打勻後再行熬煮，熬
煮出來的顏色會更為
華麗。

❷ 挑選蔓越莓時，表面
不好看的斑點建議不
適合拿來作果醬。

彌月伴手禮
覆盆子黃肉李蘋果雙色果醬

材料 　覆盆子　　60g

黃肉李　　200g（砂糖 140g）

蘋果　　　100g（砂糖 80g）

檸檬　　　1顆榨汁（覆盆子及黃肉李、蘋果各使用一半）

作法　1 黃肉李去皮、去核切小丁狀後放入鋼盆中，加入砂糖及檸檬汁拌勻後放入冰箱 1 小時。

2 蘋果洗淨去皮、去核後切片，放入果汁機中加入砂糖及檸檬汁打勻備用。

3 覆盆子保留香氣不洗，倒入不鏽鋼鍋中。

4 將黃肉李從冰箱取出後，倒入覆盆子鍋中一起拌勻以中強火煮至沸騰，中間要不停以木匙攪拌以免沾鍋。

5 沸騰中一邊輕輕攪拌一邊去除掉浮末，直到浮末消失不再出現，整鍋出現光澤感即可熄火。

6 熄火後趁熱裝瓶（裝瓶時倒入近 1/2 的分量），蓋緊蓋子後備用（罐子在煮果醬前先以沸水消毒並瀝乾備用）。

7 蘋果倒入不鏽鋼鍋中，以中強火煮至沸騰，沸騰中一邊輕輕攪拌一邊去除掉浮末，直到浮末消失不再出現，整鍋出現光澤感即可熄火。

8 熄火後趁熱裝瓶至覆盆子黃肉李瓶中，蓋緊蓋子倒扣至涼即完成。

這樣更
美味！

這款果醬是以兩種不同技巧去熬煮的，下層是以果肉先行醃漬的方式去完成，上層是先以果汁機輔助打成泥狀去熬煮，讓它在視覺上有兩種質感。

生日禮紅肉李荔枝雙色果醬

材料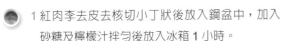

紅肉李　　200g（砂糖 140g）
荔枝　　　200g（砂糖 140g）
檸檬　　　1 顆榨汁（紅肉李及荔枝各使用一半）

作法

1 紅肉李去皮去核切小丁狀後放入鋼盆中，加入砂糖及檸檬汁拌勻後放入冰箱 1 小時。

2 荔枝去皮去籽放入果汁機略打後放入鋼盆中，加入砂糖及檸檬汁拌勻備用。

3 將紅肉李從冰箱取出，倒入不鏽鋼鍋中以中強火煮至沸騰，中間要不停以木匙攪拌以免沾鍋。

4 沸騰中一邊輕輕攪拌一邊去除掉浮末，直到浮末消失不再出現，整鍋出現光澤感即可熄火。

5 熄火後趁熱裝瓶（裝瓶時倒入近 1/2 的分量），蓋緊蓋子後備用（罐子在煮果醬前先以沸水消毒並瀝乾備用。

6 將荔枝倒入不鏽鋼鍋中，以中強火煮至沸騰，中間要不停以木匙攪拌以免沾鍋。

7 沸騰中一邊輕輕攪拌一邊去除掉白色的浮末，直到浮末消失不再出現，整鍋出現光澤感即可熄火。

8 熄火後趁熱裝至紅肉李瓶中，蓋緊蓋子倒扣至涼即完成。

這樣更美味！

❶ 荔枝略打後煮出來的果醬與紅肉李結合後，會有一種類似大理石的紋路，形成一種很特別的美感。

❷ 荔枝熬煮時可加入少許蘋果泥，讓煮出的果醬更為凝稠。

❸ 荔枝熬煮出的顏色如要更乾淨可在前置作業時，將內膜去除，只取果肉即可。

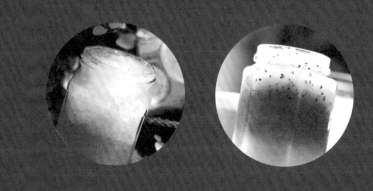

特別收錄
捨不得吃的
三色果醬

葡萄柚柳橙哈密瓜三色果醬

材料 ●
葡萄柚　　200g（砂糖 140g）
柳橙　　　150g（砂糖 100g）
哈密瓜　　80g（砂糖 60g）
檸檬　　　1/2 顆榨汁（葡萄柚及柳橙、哈密瓜各使用一半）

作法 ●
1 葡萄柚洗淨去皮去除果肉白膜後切片，放入鋼盆加入砂糖及檸檬汁拌勻後放入冰箱靜置一晚。
2 葡萄柚倒入不鏽鋼鍋中，以中強火煮至沸騰，當中不停以木匙攪拌並去除掉浮末，直到浮末消失不再出現，整鍋出現光澤感即可熄火。
3 熄火後趁熱裝瓶（裝瓶時倒入近 1/3 的分量），蓋緊蓋子後備用（罐子在煮果醬前先以沸水消毒並瀝乾備用）。
4 柳橙洗淨去皮去除果肉白膜後切片，放入鋼盆加入砂糖及檸檬汁拌勻後放入冰箱靜置一晚。
5 柳橙倒入不鏽鋼鍋中，以中強火煮至沸騰，沸騰中一邊輕輕攪拌一邊去除掉浮末，直到浮末消失不再出現，整鍋出現光澤感即可熄火。
6 熄火後趁熱裝瓶至葡萄柚瓶中，蓋緊蓋子備用。
7 哈密瓜洗淨後去皮去籽切成小丁狀。
8 將哈密瓜放入鋼盆，加入砂糖及檸檬汁混合後，放入冰箱靜置一晚。
9 將哈密瓜倒入不鏽鋼鍋中，以中強火煮至沸騰，中間要不停以木匙攪拌以免沾鍋。
10 沸騰中一邊輕輕攪拌一邊去除掉白色的浮末，直到浮末消失不再出現，整鍋出現光澤感即可熄火。
11 熄火後趁熱裝瓶覆蓋至柳橙瓶中，蓋緊蓋子倒扣至涼即完成。

這樣更美味！

❶ 三色果醬最重要的是時間的掌握，建議可將其中一種果醬先行熬煮好後，用電磁爐保溫，另外兩種果醬熬煮時間即可減短，不致變得手忙腳亂。如已熬煮得十分熟練，也可同時用 2 個爐來操作。

❷ 三種顏色可以用較為強烈對比的色彩來作搭配，視覺更為搶眼。

蘋果覆盆子奇異果三色果醬

材料 　覆盆子　　100g（砂糖 70g）
　　　　　蘋果　　　150g（砂糖 100g）
　　　　　奇異果　　200g（砂糖 140g）
　　　　　檸檬　　　1/2 顆榨汁（覆盆子及蘋果、奇異果各使用一半）

作法 ●　1 蘋果洗淨去皮去核後切片，放入果汁機中打勻備
　　　　用。
　　　2 蘋果倒入不鏽鋼鍋中加砂糖及檸檬汁，以中強火煮
　　　　至沸騰，當中不停以木匙攪拌並去除掉浮末，直到
　　　　浮末消失不再出現，整鍋出現光澤感即可熄火。
　　　3 熄火後趁熱裝瓶（裝瓶時倒入近 1/3 的分量），蓋
　　　　緊蓋子後備用（罐子在煮果醬前先以沸水消毒並瀝
　　　　乾備用）。
　　　4 覆盆子保留香氣不洗，倒入不鏽鋼鍋中，加入砂糖
　　　　及檸檬汁後，以中強火煮至沸騰，中間要不停以木
　　　　匙攪拌以免沾鍋。
　　　5 沸騰中一邊輕輕攪拌一邊去除掉浮末，直到浮末消
　　　　失不再出現，整鍋出現光澤感即可熄火。
　　　6 熄火後趁熱裝至蘋果瓶中，蓋緊蓋子倒扣至涼即完
　　　　成。
　　　7 奇異果去皮去心後，放入果汁機中打勻備用。
　　　8 奇異果倒入不鏽鋼鍋中加砂糖及檸檬汁，以中強火
　　　　煮至沸騰，當中不停以木匙攪拌並去除掉浮末，直
　　　　到浮末消失不再出現，整鍋出現光澤感即可熄火。
　　　9 熄火後趁熱裝瓶覆蓋至覆盆子瓶中，蓋緊蓋子倒扣
　　　　至涼即完成。

這樣更
美味！

❶ 這是一款比較偏酸的
　水果食材搭配，顏色
　對比性較強，也可將
　蘋果的部分改為鳳梨
　或百香果來作搭配上
　的選擇。

❷ 覆盆子熬煮時，可加
　少許開水一起熬煮較
　不易沾鍋。

覆盆子黃肉李蘋果百香果三色果醬

材料 ●
覆盆子	100g	
黃肉李	200g	（砂糖 140g）
蘋果	160g	（砂糖 120g）
百香果	200g	（砂糖 140g）
檸檬	1顆榨汁	（覆盆子及黃肉李、蘋果、百香果平均使用）

作法 ●

1 黃肉李去皮去核切小丁狀後放入鋼盆中，加入砂糖及檸檬汁拌勻後放入冰箱1小時。

2 蘋果洗淨去皮去核後切片，放入果汁機中加入砂糖及檸檬汁打勻備用。

3 百香果剖半將果肉挖出加入砂糖及檸檬汁拌勻備用。

4 覆盆子保留香氣不洗，倒入不鏽鋼鍋中。

5 將黃肉李從冰箱取出後，倒入覆盆子鍋中一起拌勻以中強火煮至沸騰，中間要不停以木匙攪拌以免沾鍋。沸騰中一邊輕輕攪拌一邊去除掉浮末，直到浮末消失不再出現，整鍋出現光澤感即可熄火。

6 熄火後趁熱裝瓶（倒入近 1/3 的分量），蓋緊蓋子後備用（罐子在煮果醬前先以沸水消毒並瀝乾備用）。

7 蘋果倒入不鏽鋼鍋中，以中強火煮至沸騰，沸騰中一邊輕輕攪拌一邊去除掉浮末，直到浮末消失不再出現，整鍋出現光澤感即可熄火。

8 熄火後趁熱裝瓶至覆盆子黃肉李瓶中，蓋緊蓋子備用。

9 百香果倒入不鏽鋼鍋中，以中強火煮至沸騰，中間要不停以木匙攪拌以免沾鍋。沸騰中一邊輕輕攪拌一邊去除掉黃色的浮末，直到浮末消失不再出現，整鍋出現光澤感即可熄火。

10 熄火後趁熱裝瓶覆蓋至蘋果瓶中，蓋緊蓋子倒扣至涼即完成。

這樣更美味！

❶ 百香果要讓它流入蘋果果醬中，熬煮的時間必須掌握快速，才能很自然的讓它流入蘋果果醬中，成爲自然的流動感。

❷ 覆盆子與黃肉李混搭煮出的果醬有著絕妙滋味，十分值得嚐試！

附錄
更多採買資料

採買水果

公司名	電話	地址
台中市果菜運銷公司	(04)24262811	台中市西屯區中清路 180-40 號
鳳山市果菜市場	(07)7459466-20 線	鳳山市 830 五甲一路 451 號
基隆市果菜市場股份有限公司	(02)4316681	基隆市 200 光二路 27 號
新社鄉果菜市場	(04)25810826-7	台中市新社區中正村中和街 840-27 號
台東果菜市場股份有限公司	(089)220023	台東市濟南路 61 巷 180 號
嘉義市果菜市場股份有限公司	(05)2764507	嘉義市 600 博愛路一段 111 號
花蓮市果菜市場	(038)572191	花蓮縣吉安鄉中央路 3 段 403 號
斗六農產市場股份有限公司	(05)5322354	斗六市 640 忠孝里中華路 133 巷 2 號
高雄果菜運銷股份有限公司	(07)3825485	高雄市三民區 807 民族一路 100 號
大社鄉果菜市場股份有限公司	(07)3516326	大社鄉 812 中山路 462 號
大樹果菜市場股份有限公司	(07)6561936	大樹鄉 842 溪埔村（路）3 巷 60-1 號
台北農產運銷公司第二果菜批發市場	(02)5013507	台北市 104 民族東路 336 號
西螺果菜市場股份有限公司	(05)5866566	西螺鎮漢光里建興路 101 號
台北花卉產銷股份有限公司	(02)5029671	台北市民族東路 336 號 2-3 樓
台北農產運銷公司第一果菜批發市場	(02)3052114	台北市 108 萬大路 533 號
北港鎮果菜市場股份有限公司	(05)7835517	北港鎮 651 光復里大同路 375 號
嘉義縣竹崎鄉果菜市場	(05)2611040	竹崎鄉和平村坑仔街 132 號
台南市綜合農產品批發市場	(06)2556701	台南市 709 怡安路二段 102 號
桃園果菜市場股份有限公司	(03)3326084	桃園市中正路 403 號
旗山鎮果菜市場股份有限公司	(07)6612133	旗山鎮永和里旗甲路一段 204 號
三重果菜市場股份有限公司	(02)9883773	三重市 241 中正北路 111 號
新竹縣果菜市場	(036)924194	芎林鄉上山村 10 鄰 98-1 號
新竹市果菜批發市場股份有限公司	(035)336141-5	新竹市經國路一段 411 號
屏東市果菜市場	(08)7520781	屏東市 900 和生路二段 221 號
果農之家	(06)5750035	台南縣楠西鄉密枝村 6 號
野採花果有機農場	(02)27902706	台北市碧山路 38 號
屏東銘泉農場	(08)7990006	屏東縣瑪家鄉佳義村泰平巷 114 之 6 號
中寮溪底遙學習樂園	(049)2693199	南投縣中寮鄉八仙村永樂路 60 之 2 號
田寮月照農園	(06)2211655	台南市南門路 69 號
斗六盧媽媽農園	(05)5322712	雲林縣斗六市中華路 85 號

採買果醬器材、材料

公司名	電話	地址
惠康國際食品有限公司	(02)28721708	台北市天母路 87 巷 1 號
大億食品材料行	(02)28838158	台北市大南路 434 號
飛迅烘焙材料總匯	(02) 28830000	台北市承德路 4 段 277 巷 83 號
艾佳 烘焙材料行	(02)86608895	新北市中和區宜安街 118 巷 14 號（4 號公園附近）
佳記 烘焙材料行	(02)29595771	新北市中和區國光街 189 巷 12 弄 1-1 號
烘春梅西點器具店	(02)25533859	台北市民生西路 389 號
同燦食品有限公司	(02)25578104	台北市民樂街 125 號
白鐵號	(02)25513731	台北市民生東路 2 段 116 號
HANDS 台隆手創館	(02)87721116	台北市復興南路 1 段 39 號 6 樓
向日葵烘焙材料	(02)87715775	台北市敦化南路 1 段 160 巷 16 號
義興西點原料行	(02)27608115	台北市富錦街 578 號
媽咪商店	(02)23699868	台北市師大路 117 巷 6 號
大家發烘焙食品原料量販店	(02)89539111	新北市板橋區三民路 1 段 99 號
全家西點原料行	(02)29320405	台北市羅斯福路 5 段 218 巷 36 號
瓶瓶罐罐專賣店	(02)25504608	台北市太原路 11 之 8 號
青山儀器容器有限公司	(02)25587181	台北市鄭州路 31 號
龍洋容器開發有限公司	(02)25585392	台北市太原路 139 號

http://www.booklife.com.tw　　　　　inquiries@mail.eurasian.com.tw

Happy Family 039

30分鐘做出雙色夢幻果醬
——56道經典果醬＋12道果醬創意料理＋6種貼心果醬禮物包裝法，
　一次收錄

作　　者／張曉東
企畫統籌／廖翊君
發 行 人／簡志忠
出 版 者／如何出版社有限公司
地　　址／台北市南京東路四段50號6樓之1
電　　話／(02) 2579-6600 · 2579-8800 · 2570-3939
傳　　真／(02) 2579-0338 · 2577-3220 · 2570-3636
郵撥帳號／ 19423086　如何出版社有限公司
總 編 輯／陳秋月
主　　編／林振宏
專案企畫／賴真真
責任編輯／李靜雯
美術編輯／金益健
行銷企畫／吳幸芳 · 楊雅穎
印務統籌／林永潔
監　　印／高榮祥
校　　對／林振宏 · 李靜雯
排　　版／莊寶鈴
經 銷 商／叩應股份有限公司
法律顧問／圓神出版事業機構法律顧問　蕭雄淋律師
印　　刷／龍岡數位文化股份有限公司
2012年9月　初版

定價 290 元　　　　　ISBN 978-986-136-332-5

每瓶雙色果醬即使是使用同樣的水果食材製成，作出的成品也都不盡相同，就像在創作一件件擁有獨特個性的藝術品般，都必須在製作完成後，才知道它們天生的個性與長相是什麼樣子……它們都是獨一無二的完美小孩。

—— 《30分鐘做出雙色夢幻果醬》

想擁有圓神、方智、先覺、究竟、如何、寂寞的閱讀魔力：

◘ 請至鄰近各大書店洽詢選購。

◘ 圓神書活網，24小時訂購服務

　 免費加入會員．享有優惠折扣：www.booklife.com.tw

◘ 郵政劃撥訂購：

　 服務專線：02-25798800　讀者服務部

　 郵撥帳號及戶名：19423086　如何出版社有限公司

國家圖書館出版品預行編目資料

30分鐘做出雙色夢幻果醬：56道經典果醬＋12道果醬創意料理＋6種貼心
果醬禮物包裝法，一次收錄 / 張曉東著. -- 初版. -- 臺北市：如何, 2012.09
　　　192 面；17×23公分 --（Happy family ; 39）

　　　ISBN 978-986-136-332-5（平裝）
　　　1.果醬 2.食譜